JN079382

2024年12月 試験対応版

中級 バイオ 技術者 認定試験

対策問題集

NPO法人日本バイオ技術教育学会
中級バイオ技術者認定試験問題研究会

つちや書店

はじめに

日本バイオ技術教育学会は、バイオテクノロジー関連の知識・技能を有する技術者を養成するために、1992年から資格認定試験制度をスタートさせ、初級・中級・上級バイオ技術者認定試験を運営してきました。初級バイオ技術者認定試験は、主に農業高等学校でバイオ技術を学ぶ生徒を対象としてきましたが、近年、大学の初年次教育への活用や社会人がスキルアップの為に利用する事例が増えてまいりました。実際に高校生が初級、中級とステップアップして在学中に上級バイオ技術者認定試験に合格する事例も出ています。2024年度から、初級バイオ技術者認定試験について、必須科目、選択科目の導入や専門科目の変更などの改定を実施致します。この改定は、文部科学省による学習指導要領の改訂に準拠していますが、そこにとどまらず、いわゆるバイオリテラシーの社会的な普及と向上を目指し、バイオテクノロジーに関心を持つ皆様の学びの入口となることを意図しています。

新型コロナウイルス感染症（COVID-19）に有効なm RNAワクチンの開発を主導した二人の科学者に、ノーベル生理学・医学賞が授与されましたが、新しい技術に恐怖を覚え、拒否反応を示された方も多かったのは事実です。未知への挑戦は科学を志す者にとって魅力的ですが、未知への恐怖が新しい技術の普及を妨げてきたことも歴史が示しています。

未知への恐怖は、学びや体験によって克服されていきます。バイオテクノロジーが積み重ねてきた膨大な量の知識を理解する力、すなわちバイオリテラシーを持ち、技術と経験を備えたバイオテクノロジストは、未知への恐れ、懐疑心を持ちつつも、バイオテクノロジーに注意深く取り組むことのできる人材と考えます。

バイオ技術者認定試験制度は、高等学校や大学のような教育機関だけでなく、社会人教育の場においても、バイオリテラシーを持つ人材を養成し、わが国のバイオテクノロジー関連産業に必要な知識や技術水準を持つ人材の確保に役立つとともに、バイオテクノロジーが生み出す薬品、食品、工業製品を積極的に利用する消費者の養成につながります。

本書は過去３年分の認定試験問題と解説を掲載しており、また巻頭に掲載されたガイドラインには認定試験の各分野におけるキーワードが整理されています。これらを組み合わせることにより、より高い学習効果が上がるように工夫されています。本書がバイオ技術者認定試験の対策だけでなく、バイオテクノロジーを志す皆様の学習に役立つことを期待します。

2024年4月

NPO法人日本バイオ技術教育学会

2024年12月試験対応版

中級バイオ技術者認定試験対策問題集

目次

解説編

中級・上級バイオ技術者認定試験実施案内

「第33回中級バイオ技術者認定試験」ならびに「第30回上級バイオ技術者認定試験」は、いずれも下記の要領にて実施される予定です。

1．**試験日程**

2024年12月15日（日）午前の部　10時30分～12時00分（90分）
午後の部　13時00分～14時30分（90分）

2．**受験資格**

中級試験（次の①～④のいずれか一つにあてはまる者）

①初級バイオ技術者認定試験に合格し、認定証を取得した者
②大学、短期大学および専門学校のバイオ技術等に関する課程を卒業した者、または2学年修了者および2学年修了見込みの者
③高等専門学校のバイオ技術等に関する課程を卒業した者または卒業見込みの者
④その他、前項と同等以上であることを本学会が認めた者

上級試験（次の①～②のいずれか一つにあてはまる者）

①中級バイオ技術者認定試験に合格し、認定証を取得した者
②大学、短期大学および専門学校のバイオ技術等に関する課程の3学年修了者または3学年修了見込みの者、卒業者または卒業見込みの者

3．**受験料**

受験区分	中級	上級
個人受験	7,000円	9,000円
団体受験（※）	5,000円	7,000円

※団体受験とは、団体正会員として会員登録している大学・専門学校・企業等に所属して受験することをいいます。

4．**試験会場**

試験会場は全国約50か所を予定。当学会ホームページをご参照ください。
https://bio-edu.or.jp/

5．**受験申込手続き（インターネット申込）**

当学会ホームページの受験申込ページにアクセスし、受験申込の所定の欄に入力して、送信してください。団体受験は、所属団体の指示に従って申込んでください。

6．**受験申込受付期間**

2024年9月2日（月）～10月31日（木）
受験料の納付も同じ期間です。団体受験の申込期間は所属団体により異なるので、注意してください。

7．**受験料の納入**

受検申込手続きに沿って決済方法（クレジットカード、コンビニ支払い、銀行振込等）を選んでお支払いください。

8．**合格通知**

2025年1月中旬に、当学会ホームページに合格者の受験番号を掲載します。合格者には認定証を郵送します。団体受験の場合は、所属先にまとめて送付します。

NPO法人日本バイオ技術教育学会

ガイドライン

中級バイオ技術者認定試験 分野別ガイドライン

（2024 年 3 月改訂）

1. バイオテクノロジー総論

(1) 機器取扱い

範囲		内容	キーワード	
分類	項目			
1 分析機器	吸光光度法	・各分析法の検出の原理、目的、特徴	□ランベルト・ベールの法則 □モル吸光係数 □吸光度 □波長 □セル長（光路長）	□透過率 □検量線 □赤外分光分析 □紫外可視分光分析 □極大吸収
	分離分析法	・各分析法の検出の原理、目的、特徴	□ガスクロマトグラフィー □液体クロマトグラフィー □ゲルろ過クロマトグラフィー □薄層クロマトグラフィー □吸着クロマトグラフィー □分配クロマトグラフィー □アフィニティークロマトグラフィー □イオン交換クロマトグラフィー □カラムクロマトグラフィー □高速液体クロマトグラフィー（HPLC） □順相クロマトグラフィー □逆相クロマトグラフィー □固定相 □移動相 □送液部 □試料注入部 □分離部 □検出部 □半値幅 □ピーク面積 □保持時間	□キャリヤーガス □FID（水素炎イオン化検出器） □TCD（熱伝導度検出器） □UV 検出器 □示差屈折率（RI）検出器 □S/N 比 □分子ふるい □極性 □アガロースゲル電気泳動 □ポリアクリルアミドゲル電気泳動 □SDS-ポリアクリルアミドゲル電気泳動（SDS-PAGE） □パルスフィールドゲル電気泳動 □キャピラリー電気泳動 □BPB（ブロモフェノールブルー） □等電点電気泳動 □二次元電気泳動 □CBB（クーマシーブリリアントブルー）
2 大型機器	遠心機	・各遠心機の特徴、目的および使用法	□低速遠心機 □高速遠心機 □超遠心機 □g（重力定数） □回転半径 □回転数（rpm）	□遠心力 □角速度 □バケットローター □アングルローター □スイングローター
	クリーンベンチ類	・クリーンベンチ類の特徴および無菌操作を含めた使用法	□クリーンベンチ □安全キャビネット □HEPA フィルター	□UV 灯 □ガスバーナー □機械式ピペット
	滅菌器	・「環境と安全性」の滅菌・消毒欄に記載		

範囲		内容	キーワード	
分類	項目			
	その他の機器		□ X 線回折装置 □ 質量分析計 □ NMR（核磁気共鳴）	□ ガスクロマトグラフ質量分析計（GC/MS） □ 原子吸光光度計
3 小型機器	顕微鏡	・各顕微鏡の特徴、目的および使用法	□ 生物顕微鏡 □ 倒立顕微鏡 □ 実体顕微鏡 □ 位相差顕微鏡 □ 蛍光顕微鏡 □ 電子顕微鏡 □ 走査型電子顕微鏡（SEM） □ 透過型電子顕微鏡（TEM）	□ 対物レンズ □ 接眼レンズ □ ステージ □ 粗動ハンドル □ 微動ハンドル □ 光源 □ 分解能
	天秤類	・各天秤の特徴、目的および使用法	□ 電子天秤 □ 上皿天秤 □ 感量	□ 風袋 □ 有効数字 □ 防震台
	その他の機器	・各機器の特徴、目的および使用法	□ pH メーター □ ガラス電極	□ マイクロピペッター □ 真空ポンプ

(2)　バイオテクニカルターム

分類	キーワード		
1 実験	□ concentration < concentrate □ decantation < decant □ detection < detect □ dilution < dilute □ dissolution < dissolve	□ filtration < filtrate □ inoculation < inoculate □ isolation < isolate □ mixture < mix □ purification < purify	□ stirring < stir □ sterilization < sterilize □ storage < store □ suspension < suspend □ titration < titrate
	□ absorbance □ agar media □ annealing □ biohazard □ blotting □ boil □ broth □ centrifugation □ culture □ density □ distilled water □ dose □ experiment □ evaporate □ freeze □ fraction □ density gradient centrifugation □ growth curve	□ heat □ homogenate □ injection □ liquid media □ method □ minimal medium □ overnight □ oxidation □ precipitate (ppt) □ preparation □ product □ protocol □ quality □ quantity □ radioisotope □ reaction □ reduction □ refrigerate	□ replica plating □ rinse □ room temperature □ saturate □ screening □ selection □ sodium dodecylsulfate-polyacrylamide gel electrophoresis (SDS-PAGE) □ solution □ sterilized water □ substrate □ substrate specificity □ supernatant (sup) □ ultrapure water □ volume □ weight

記号「<」の左は名詞、右は動詞を示す。

分類	キーワード		
2 器具	□ cap □ culture dish □ culture flask	□ dish □ flask □ plate	□ test tube □ tip
3 機器	□ aspirator □ autoclave □ blotter □ chromatography □ clean bench □ electron microscope □ electrophoresis apparatus	□ fluorescence microscope □ freezer □ heating block □ HPLC (high performance liquid chromatography) □ incubator	□ microscope □ mixer □ refrigerator □ shaker □ stirrer □ water bath
4 元素	□ aluminium □ calcium □ carbon □ chlorine □ copper □ hydrogen	□ iodine □ iron □ magnesium □ nitrogen □ oxygen	□ phosphorus □ potassium □ sodium □ sulfur □ zinc
5 物質	□ acetic acid □ acid □ adenine □ adenosine triphosphate (ATP) □ alkaline □ amino acid □ base □ buffer □ carbohydrate □ chloroform □ circular DNA □ citric acid □ cyclic AMP (cAMP) □ cytosine □ deoxyribonucleic acid (DNA)	□ deoxyribonucleoside triphosphate (dNTP) □ deoxyribonuclease (DNase) □ ethanol □ ether □ glucose □ guanine □ histone □ hydrochloric acid □ lactic acid □ lactose □ lipid □ maltose □ messenger RNA (mRNA) □ nucleoside □ nucleotide □ phenol □ phospholipid	□ phosphoric acid □ protein □ purine □ pyrimidine □ reagent □ ribonucleic acid (RNA) □ ribose □ ribosomal RNA (rRNA) □ ribonuclease (RNase) □ saline □ sodium carbonate □ sodium chloride □ sodium hydroxide □ sucrose □ sulfuric acid □ transfer RNA (tRNA) □ thymine □ uracil

分類	キーワード		
6 細胞・生物	□ bacteria □ brain □ cell □ cell wall □ catalysis □ chloroplast □ chromatin □ chromosome □ cytoplasm □ cytosol □ *de novo* □ digest □ diploid □ disulfide bond □ endoplasmic reticulum (ER) □ enzyme □ erythrocyte □ female	□ fermentation □ fungi □ Golgi body □ haploid □ heart □ hormone □ hydrogen bond □ hydrophobic bond □ inducer □ infection □ inhibitor □ *in situ* □ *in vitro* □ *in vivo* □ ionic bond □ kidney □ leukocyte □ liver	□ lung □ male □ mammalia □ mitochondria □ nucleolus □ nucleus □ organ □ organelle □ peptide bond □ phosphodiester bond □ photosynthesis □ plasma membrane □ respiration □ ribosome □ specificity □ synthesis □ virus □ yeast
7 分子生物学・遺伝子工学	□ agarose gel electrophoresis □ alkaline phosphatase □ anticodon □ bacteriophage □ base pair (bp) □ blotting □ codon □ clone □ cloning □ competent cell □ complementary DNA (cDNA) □ deletion □ endonuclease □ ethidium bromide □ exon □ exonuclease □ expression □ frameshift □ GC content	□ gene □ genetic recombination □ genome □ genomic library □ host □ hybridization □ intron □ ligase □ ligation □ mutagen □ mutant □ mutation □ nuclease □ operon □ plaque □ plasmid □ polymerase chain reaction (PCR) □ primer □ probe	□ protease □ recombinant □ replication □ repressor □ restriction enzyme □ reverse transcriptase □ sequencer □ sequencing □ splicing □ temperate phage □ transcription □ transferase □ translation □ *Taq* DNA polymerase □ transduction □ transformation □ vector □ virulent phage
8 免疫・細胞工学	□ antigen □ antibody □ cancer □ cell fusion □ embryonic stem cell (ES cell) □ fetal bovine serum (FBS)	□ hybridoma □ immunity □ immunoglobulin (Ig) □ lymphocyte □ macrophage □ monoclonal antibody	□ myeloma □ polyethylene glycol (PEG) □ primary culture □ protoplast □ serum □ tissue culture

分類	キーワード		
9 接頭語・接尾語・単位	□ mono- □ di- □ tri- □ tetra-	□ penta- □ hexa- □ hepta-	□ octa- □ nona- □ deca-
	□ anti- □ cis- □ co- □ cyto- □ de-	□ pre- □ re- □ trans- □ -ase	□ -ate □ -cyte □ -oma □ -ose
	□ kilo (k; 10^3) □ mega (M; 10^6)	□ milli (m; 10^{-3}) □ micro (μ; 10^{-6})	□ nano (n; 10^{-9}) □ pico (p; 10^{-12})

(3) 環境と安全性

範囲		内容	キーワード	
分類	項目			
1 法令	遺伝子組換え生物等の使用等の規制による生物の多様性の確保に関する法律	・法律の目的と対象	□ 生物多様性条約 □ カルタヘナ議定書 □ 遺伝子組換え生物（LMO） □ ウイルス	□ ウイロイド □ 拡散防止措置 □ 第一種使用等 □ 第二種使用等
	研究開発等に係る遺伝子組換え生物等の第二種使用等に当たって執るべき拡散防止措置等を定める省令	・定義	□ 遺伝子組換え実験 □ 微生物使用実験 □ 大量培養実験 □ 動物使用実験 □ 植物使用実験 □ 細胞融合実験 □ 宿主	□ ベクター □ 供与核酸 □ 核酸供与体 □ 実験分類 □ 同定済核酸 □ 認定宿主ベクター系
		・実験分類	□ クラス 1 □ クラス 2 □ クラス 3	□ クラス 4 □ 病原性 □ 伝播性
		・拡散防止措置の区分及び内容	□ P1 レベル □ P2 レベル □ P3 レベル □ LSC レベル □ LS1 レベル □ LS2 レベル □ P1A レベル □ P2A レベル □ P3A レベル	□ 特定飼育区画 □ P1P レベル □ P2P レベル □ P3P レベル □ 特定網室 □ エアロゾル □ 安全キャビネット □ HEPA フィルター
	同省令に基づき認定宿主ベクター系等を定める告示	・B1	□ EK1 □ SC1	□ BS1
		・B2	□ EK2 □ SC2	□ BS2

範囲		内容	キーワード	
分類	項目			
2 滅菌・消毒		・各滅菌法、消毒法の特徴、目的および実施法	□ 火炎滅菌 □ ガス滅菌 □ エチレンオキシドガス（EOG） □ ホルムアルデヒド □ 乾熱滅菌 □ 煮沸殺菌 □ 高圧蒸気滅菌（オートクレーブ） □ ろ過滅菌 □ メンブレンフィルター	□ 紫外線殺菌 □ 放射線滅菌 □ ^{60}Co □ 薬液滅菌・消毒 □ 消毒用アルコール □ 塩化ベンザルコニウム溶液 □ 次亜塩素酸ナトリウム溶液 □ 間欠滅菌 □ 蒸気滅菌 □ バイオハザード
3 危険物		・実験に使用する薬物の危険性	□ RI（放射性同位元素） □ α 線 □ β 線 □ γ 線 □ 半減期 □ ^{3}H □ ^{14}C □ ^{32}P □ ^{35}S □ 電子線 □ 粒子線 □ 電磁波 □ UV（紫外線）	□ エチジウムブロミド（臭化エチジウム） □ ニトロソグアニジン □ 変異原性 □ 催奇形性 □ フェノール □ タンパク質変性剤 □ アクリルアミド □ 神経障害 □ 病原菌 □ 非病原菌 □ 有機溶剤 □ 重金属 □ 高圧ガス
4 環境		・環境汚染	□ 大気汚染 □ 酸性雨 □ ダイオキシン □ 自浄作用 □ バイオレメディエーション □ オゾン層	□ フロン □ 窒素酸化物（NO_x） □ 硫黄酸化物（SO_x） □ 地球温暖化 □ 温室効果ガス □ 外因性内分泌攪乱物質

2. 生化学

範囲		内容	キーワード	
分類	項目			
1 細胞	細胞の構造と機能	・細胞小器官の構造と働き	□ 核 □ 核膜 □ 滑面小胞体 □ 原核細胞 □ ゴルジ体 □ 細胞質ゾル □ 細胞小器官（オルガネラ） □ 細胞分画 □ 細胞膜	□ 細胞壁 □ 小胞体 □ 真核細胞 □ 粗面小胞体 □ チラコイド □ ミトコンドリア □ 葉緑体 □ リソソーム □ リボソーム
		・細胞膜の性質	□ 受動輸送 □ 脂質二重層 □ 生体膜モデル	□ 能動輸送 □ Na^+,K^+–ポンプ □ Na^+,K^+–ATPase

範囲		内容	キーワード	
分類	項目			
2 水	生体と水	・水	□水の性質	
		・溶液	□イオン □塩基 □塩析 □凝固点降下 □凝析 □コロイド □酸 □質量百分率（%） □浸透圧 □水素結合 □体積百分率（%） □質量対容量百分率（%）	□水素イオン濃度 □電離度 □透析 □半透膜 □沸点上昇 □水のイオン積 □モル濃度 □溶解度 □溶液 □溶質 □溶媒 □pH
		・緩衝液	□緩衝液の性質	□Henderson–Hasselbalchの式
3 生体エネルギー	生体酸化（呼吸）	・呼吸と高エネルギーリン酸化合物	□アセチル CoA □アルコール発酵 □クエン酸回路（クレブス回路、TCA 回路） □高エネルギーリン酸化合物 □呼吸	□呼吸鎖 □酸化的リン酸化 □シトクロム □電子伝達系 □乳酸発酵 □ピルビン酸
4 糖質	糖質の化学	・糖質の構造、分類、性質	□アミロース □アミロペクチン □アルデヒド基 □アルドース □オリゴ糖 □果糖（フルクトース） □ガラクトース □還元糖 □還元末端 □キチン □グリコーゲン □グリコシド結合 □グリセルアルデヒド □ケトース □光学異性体 □五炭糖（ペントース） □コンドロイチン硫酸 □三炭糖（トリオース） □ジヒドロキシアセトン □ショ糖（スクロース） □セルロース	□多糖類 □単一多糖類（ホモ多糖類） □炭水化物 □単糖類 □デオキシリボース □デンプン □二糖類 □乳酸 □乳糖（ラクトース） □麦芽糖（マルトース） □ヒアルロン酸 □非還元糖 □非還元末端 □複合多糖類（ヘテロ多糖類） □ブドウ糖（グルコース） □ヘパリン □マンノース □ムコ多糖類 □リボース □六炭糖（ヘキソース）
	糖質の代謝	・主な代謝	□解糖 □解糖系	□糖新生 □ペントースリン酸経路

範　囲		内　容	キーワード	
分類	項　目			
5 タンパク質	タンパク質の化学	・アミノ酸およびタンパク質の構造、分類、性質	□アスパラギン（Asn） □アスパラギン酸（Asp） □アミノ基 □アミノ酸 □アミノ酸残基 □アミノ末端（N 末端） □アラニン（Ala） □アルギニン（Arg） □アルブミン □イソロイシン（Ile） □一次構造 □イミノ酸 □インターフェロン □エラスチン □塩基性アミノ酸 □オルニチン □カルボキシ基 □カルボキシ末端（C 末端） □含硫アミノ酸 □キサントプロテイン反応 □グリシン（Gly） □グルタミン（Gln） □グルタミン酸（Glu） □グロブリン □血漿タンパク質 □ケラチン □抗原 □抗体 □コラーゲン □サブユニット □三次構造 □酸性アミノ酸 □システイン（Cys） □シスチン □ジスルフィド結合（S–S 結合） □セリン（Ser）	□側鎖 □疎水結合 □単純タンパク質 □中性アミノ酸 □チロシン（Tyr） □電気泳動 □糖タンパク質 □等電点 □トリプトファン（Trp） □トレオニン（Thr） □尿素 □二次構造 □ニンヒドリン反応 □バリン（Val） □ビウレット反応 □ヒスタミン □ヒスチジン（His） □ヒストン □必須アミノ酸 □フェニルアラニン（Phe） □複合タンパク質 □プロリン（Pro） □ペプチド □ペプチド結合 □ヘモグロビン □芳香族アミノ酸 □メチオニン（Met） □免疫グロブリン □四次構造 □らせん構造 □ランダム構造 □リジン（Lys） □両性電解質 □ロイシン（Leu） □α ヘリックス構造 □β シート構造
	タンパク質の代謝	・主なアミノ酸の代謝	□アミノ基転移反応 □クレアチン	□クレアチニン □尿素回路（オルニチン回路）

範囲		内容	キーワード	
分類	項目			
6 脂質	脂質の化学	・脂質の構造、分類、性質	□アシル CoA	□中性脂肪（トリグリセリド）
			□アラキドン酸	□糖脂質
			□エステル	□パルミチン酸
			□エステル結合	□必須脂肪酸
			□オレイン酸	□複合脂質
			□グリセリン	□不飽和脂肪酸
			□コレステロール	□飽和脂肪酸
			□脂肪	□リノール酸
			□脂肪酸	□リノレン酸
			□ステアリン酸	□リポタンパク質
			□ステロイド	□リン脂質
			□単純脂質	□レシチン
		・生体膜	□界面活性剤	□流動モザイクモデル
	脂質の代謝	・主な脂質の代謝	□ケトン体（アセトン体）	□脂肪酸生合成
			□コレステロール生合成	□β酸化
7 核酸	核酸の化学	・核酸の構造	□塩基対	□ホスホジエステル結合
			□相補性	□ポリヌクレオチド
			□二重らせん構造	□右巻き
			□ヌクレオシド	□モノヌクレオチド
			□ヌクレオチド	
		・核酸の構成成分	□アデニル酸	□ADP
			□アデニン	□AMP
			□アデノシン	□ATP
			□ウラシル	□cAMP
			□ウリジル酸	□CDP
			□ウリジン	□CMP
			□グアニル酸	□CTP
			□グアニン	□GDP
			□グアノシン	□GMP
			□シチジル酸	□GTP
			□シチジン	□IMP
			□シトシン	□mRNA
			□チミジル酸	□rRNA
			□チミジン	□TDP
			□チミン	□TMP
			□デオキシリボ核酸（DNA）	□TTP
			□ピリミジン塩基	□tRNA
			□プリン塩基	□UDP
			□リボ核酸（RNA）	□UMP
				□UTP
	核酸の代謝	・核酸の合成と分解	□イノシン酸	□尿酸
			□キサンチン	□ヒポキサンチン

範囲		内容	キーワード	
分類	項目			
8 酵素	酵素	・酵素の性質	□アポ酵素 □活性化エネルギー □活性中心 □基質 □基質特異性	□最適 pH □最適温度 □補酵素 □ホロ酵素
		・酵素分類	□異性化酵素 □加水分解酵素 □合成酵素 □酸化還元酵素	□脱離酵素 □転移酵素 □輸送酵素 □EC 番号
		・酵素反応	□一次反応 □基質濃度 □酵素基質複合体	□最大反応速度（V_{max}） □ゼロ次反応 □反応速度
		・酵素阻害	□拮抗阻害（競合阻害）	□阻害剤
		・アイソザイム	□アイソザイム	
		・酵素活性の測定	□国際単位 □ミカエリス定数（K_m） □ミカエリス・メンテンの式	□ラインウィーバー・バークプロット
		・主な酵素	□アミラーゼ □アルカリホスファターゼ □カタラーゼ □クレアチンキナーゼ □コハク酸デヒドロゲナーゼ □スクラーゼ □トリプシン □乳酸デヒドロゲナーゼ	□ヘキソキナーゼ □ペプシン □ペルオキシダーゼ □リパーゼ □マルターゼ □ラクターゼ □ALT（GPT） □AST（GOT）
9 ビタミン		・ビタミンの分類	□脂溶性ビタミン	□水溶性ビタミン
		・主なビタミンとプロビタミン	□カロテン □コレカルシフェロール □ニコチンアミド □ニコチン酸 □ビオチン □ビタミン A（レチノール） □ビタミン B_1（チアミン） □ビタミン B_2（リボフラビン）	□ビタミン B_6（ピリドキシン） □ビタミン B_{12}（コバラミン） □ビタミン C（アスコルビン酸） □ビタミン D（カルシフェロール） □ビタミン E（トコフェロール） □ビタミン K（フィロキノン） □葉酸
		・欠乏症	□壊血病 □くる病 □神経炎（脚気）	□成長遅滞 □貧血 □夜盲症
		・補酵素	□CoA（補酵素 A） □FMN（フラビンモノヌクレオチド） □FAD（フラビンアデニンジヌクレオチド）	□NAD（ニコチンアミドアデニンジヌクレオチド） □NADP（ニコチンアミドアデニンジヌクレオチドリン酸） □PLP（ピリドキサールリン酸） □TPP（チアミンピロリン酸）

範囲		内容	キーワード	
分類	項目			
10 ホルモン		・ホルモンの分類	□アミノ酸ホルモン □ステロイドホルモン	□タンパクペプチドホルモン □ヨウ素
		・主な分泌腺	□甲状腺 □視床下部 □膵臓 □精巣 □脳下垂体	□副甲状腺（上皮小体） □副腎髄質 □副腎皮質 □卵巣
		・ホルモンの作用	□恒常性 □内分泌 □血糖	□受容体（レセプター） □標的器官 □標的細胞
		・主なホルモン	□アドレナリン □インスリン □エストロゲン □グルカゴン □コルチゾール	□チロキシン □テストステロン □プロゲステロン □副腎皮質ホルモン（ACTH） □成長ホルモン（GH）
11 ミネラル		・電解質の役割	□細胞外液 □細胞内液	□酸塩基平衡 □浸透圧保持
		・主な陽イオン	□ナトリウム □カリウム □カルシウム	□マグネシウム □鉄
		・主な陰イオン	□塩素 □重炭酸	□炭酸 □リン酸
12 植物		・光合成	□光化学系Ⅰ・Ⅱ □カルビン回路 □カロテン □キサントフィル □クロロフィル □作用スペクトル □グラナ □ストロマ □チラコイド	□プラストキノン □フェレドキシン □フラビンタンパク質 □明反応 □暗反応 □ C_3 植物 □ C_4 植物 □ C_4 ジカルボン酸回路 □維管束鞘細胞

3. 微生物学

範囲		内容	キーワード	
分類	項目			
1 種類と特徴	分類法	・分類 ・形態的性質 ・生理的性質 ・用途	□真核生物 □原核生物 □栄養細胞 □無性世代 □有性世代 □有性胞子 □内生胞子 □グラム陽性菌 □グラム陰性菌 □細胞壁 □GC 含量 □細菌 □シアノバクテリア（ラン藻類） □クラミジア □リケッチア □プロテオバクテリア □マイコプラズマ □化学合成独立栄養細菌 □硝化細菌 □窒素固定菌 □根粒菌 □シュードモナス □酢酸菌 □腸内細菌 □大腸菌 □有胞子桿菌 □枯草菌	□芽胞 □コリネ型細菌 □放線菌 □古細菌 □真菌 □接合菌 □接合胞子 □隔壁 □減数分裂 □子のう菌 □子のう胞子 □分生子 □外生胞子 □梗子 □アカパンカビ □担子菌 □有胞子酵母 □出芽 □分裂 □無胞子酵母 □原生動物 □微細藻類 □ウイルス □エンベロープ □バクテリオファージ □タバコモザイクウイルス □ウイロイド
2 構造と機能	細胞の構造	・細菌細胞 ・細胞表層 ・リボソーム ・核様体 ・カビの細胞	□原核細胞 □真核細胞 □細胞表層 □ペプチドグリカン層 □ペリプラズム □能動輸送 □拡散輸送 □パーミアーゼ（透過酵素） □メソソーム □*N*–アセチルグルコサミン □*N*–アセチルムラミン酸 □リゾチーム □プロトプラスト	□スフェロプラスト □外膜 □LPS □内毒素 □外毒素 □リボソーム □核様体 □環状二本鎖 DNA □フラジェリン □線毛 □鞭毛 □莢（きょう）膜 □デキストラン

範囲		内容	キーワード	
分類	項目			
3 代謝	代謝	・発酵 ・呼吸 ・同化	□アルコール発酵 □乳酸発酵 □アセトン・ブタノール発酵 □酪酸発酵 □アミノ酸発酵 □酢酸発酵 □硝酸呼吸 □硝化 □脱窒	□メタン発酵 □硝酸菌 □亜硝酸菌 □硫黄酸化細菌 □水素細菌 □炭酸固定 □光合成細菌 □窒素固定 □パスツール効果
4 増殖	環境要因 増殖	・物理化学的条件 ・栄養素 ・培地 ・増殖測定法 ・増殖曲線 ・ファージの増殖	□絶対好気性菌 □通性嫌気性菌 □絶対嫌気性菌 □スーパーオキシドアニオン □カタラーゼ □スーパーオキシドジスムターゼ □低温菌 □中温菌 □高温菌 □好熱菌 □好アルカリ菌 □炭素源 □窒素源 □共生 □無機栄養素 □微量生育因子 □バイオアッセイ □天然培地 □合成培地 □選択培地 □固体培地 □液体培地 □乾燥菌体重量測定法 □菌体容量測定法	□比濁法 □総菌数測定法 □血球計算盤法 □生菌数測定法 □コロニー計数法 □メチレンブルー染色 □MPN 法 □対数増殖 □世代時間 □増殖曲線 □誘導期 □対数期 □定常期 □死滅期 □連続培養 □ケモスタット □ビルレントファージ □ファージ計数法 □プラーク □溶菌サイクル □バーストサイズ □テンペレートファージ □プロファージ □溶原化
5 変異	変異 変異株の利用	・変異株の取得 ・変異株の性質	□遺伝子地図 □栄養要求変異株 □親株 □完全培地 □形質転換 □形質導入 □コロニー □最少培地 □紫外線照射 □修復 □生化学的突然変異 □接合	□チミンダイマー □突然変異 □放射線 □変異誘発剤 □変異原 □薬剤耐性菌 □レプリカ法 □R 因子 □光回復 □温度感受性菌 □トランスポゾン □最小生育阻止濃度（MIC）

範囲		内容	キーワード	
分類	項目			
6 利用	発酵食品 代謝生産物	・アルコール飲料 ・発酵調味料 ・乳製品 ・化学品 ・抗生物質	□発酵酒 □蒸留酒 □発酵形式 □単発酵 □単行複発酵 □並行複発酵 □亜硫酸 □下面発酵酵母 □上面発酵酵母 □麦芽アミラーゼ □麹 □酛（もと） □醪（もろみ） □火落ち □キモシン □酢酸菌 □アミロ法 □有機酸発酵 □グルタミン酸発酵 □リジン発酵 □5′-ヌクレオチド生産 □デキストラン □デキストリン □SCP □液化型アミラーゼ	□糖化型アミラーゼ □グルコースイソメラーゼ □凝乳酵素 □固定化菌体 □固定化酵素 □担体結合法 □架橋法 □包括法 □バイオリアクター □日和見感染 □薬剤耐性菌 □抗生物質 □抗菌スペクトル □細胞壁合成阻害 □タンパク質合成阻害 □核酸合成阻害 □ペニシリン □セファロスポリン □グラミシジン □クロラムフェニコール □ストレプトマイシン □カナマイシン □アクチノマイシン □マイトマイシン
7 食品の保存	腐敗 食中毒 保存	・食中毒菌 ・殺菌法 ・保存法 ・バイオセーフティ	□感染型食中毒菌 □毒素型食中毒菌 □ボツリヌス菌 □サルモネラ菌 □黄色ブドウ球菌 □腸炎ビブリオ菌 □カンピロバクター □ウェルシュ菌 □ベロ毒素 □パスツーリゼーション □超高温殺菌（UHT） □高温短時間殺菌（HTST）	□低温長時間殺菌（LTLT） □γ線照射 □水分活性 □塩蔵 □糖蔵 □燻煙法 □酢漬法 □レトルト食品 □脱酸素剤 □防腐剤 □バイオセーフティ □HACCP
8 環境における活動	環境浄化 元素循環 生態系の多様性	・排水処理 ・バイオレメディエーション ・循環	□BOD □COD □活性汚泥法 □散水ろ床法 □メタン発酵法 □バイオレメディエーション □バイオスティミュレーション □バイオオーグメンテーション	□炭素循環 □窒素循環 □硫黄循環 □バクテリアリーチング □極限環境微生物 □難培養性微生物 □共生微生物

範囲		内容	キーワード	
分類	項目			
9 実験	培養 観察	・必要な器具・器材 ・実験時の知識	□ インキュベーター □ グラム染色 □ スプレッダー（コンラッジ棒） □ 斜面培地 □ 高層培地 □ 集積培養 □ 静置培養 □ 振とう培養 □ 穿刺培養 □ 前培養 □ 白金鉤 □ 白金線 □ 白金耳 □ 平板塗抹法 □ 平板希釈法 □ 力価検定	□ ペニシリンカップ法 □ ペーパーディスク法 □ 阻止円 □ 保存菌株 □ 菌体保存法 □ メンブレンフィルター □ 油浸法 □ 画線分離法 □ 混釈平板法 □ バイオアッセイ □ エイムス試験 □ 復帰突然変異 □ リムルステスト □ 通気撹拌培養 □ バッチ培養

4. 分子生物学

範囲		内容	キーワード	
分類	項目			
1 細胞と遺伝	細胞	・原核細胞と真核細胞	□ 真核生物 □ 原核生物 □ 環状 DNA	□ 直鎖状 DNA □ 細胞小器官（オルガネラ）
	遺伝子と染色体	・遺伝子の本体	□ アベリーの実験 □ 肺炎球菌（R 型菌と S 型菌）	□ ハーシーとチェイスの実験
		・遺伝子でないDNA	□ スペーサー DNA	□ 反復配列
		・染色体	□ クロマチン □ ヌクレオソーム □ テロメア	□ セントロメア □ ヒストン
		・遺伝の法則	□ 相同染色体 □ 減数分裂 □ 対立遺伝子 □ 遺伝子型 □ 表現型 □ メンデルの法則	□ 優性の法則 □ 分離の法則 □ 常染色体 □ 性染色体 □ 形質転換
2 核酸	DNAとRNA	・二重らせん構造と相補性	□ 塩基対 □ 水素結合	□ A=T（A=U） □ G≡C
		・物理的性質	□ 紫外部（260 nm）吸収 □ 変性 □ 融解曲線 □ 一本鎖 DNA	□ T_m □ アニーリング □ GC 含量

<table>
<tr><th colspan="2">範　囲</th><th rowspan="2">内　容</th><th colspan="2" rowspan="2">キーワード</th></tr>
<tr><th>分類</th><th>項　目</th></tr>
<tr><td rowspan="9">3
遺伝子</td><td rowspan="4">DNA</td><td>・遺伝子とDNA</td><td>□エンハンサー
□サイレンサー
□プロモーター</td><td>□エキソン
□イントロン</td></tr>
<tr><td>・DNAの複製と修復</td><td>□半保存的複製
□鋳型DNA
□プライマーRNA
□リーディング鎖
□ラギング鎖
□岡崎フラグメント</td><td>□複製フォーク
□レプリコン
□DNAヘリカーゼ
□DNAリガーゼ
□DNAトポイソメラーゼ</td></tr>
<tr><td>・DNAの変異</td><td>□塩基欠失
□電離放射線
□亜硝酸
□アルキル化剤
□アクリジン色素
□紫外線
□チミンダイマー</td><td>□エステル結合切断（ブレオマイシン）
□ミスセンス変異
□ナンセンス変異
□サイレント変異
□フレームシフト変異
□染色体異常</td></tr>
<tr><td>・染色体外DNA</td><td>□ミトコンドリアDNA
□葉緑体DNA</td><td>□プラスミド</td></tr>
<tr><td rowspan="2">RNA</td><td>・種類と機能</td><td>□mRNA
□tRNA
□rRNA</td><td>□コドン
□アンチコドン</td></tr>
<tr><td>・転写産物のプロセシング（加工）</td><td>□プロセシング
□スプライシング
□キャップ構造</td><td>□ポリ（A）鎖
□リボザイム</td></tr>
<tr><td>人為的組換え</td><td>・遺伝子組換え</td><td>□供与体遺伝子
□制限酵素</td><td>□ベクター
□薬剤耐性遺伝子</td></tr>
<tr><td rowspan="3">4
遺伝情報</td><td rowspan="2">転写</td><td>・原核細胞の転写</td><td>□リプレッサー
□オペレーター
□RNAポリメラーゼ</td><td>□σ因子
□ラクトースオペロン</td></tr>
<tr><td>・真核細胞の転写</td><td>□シス配列
□レポーター遺伝子
□RNAポリメラーゼⅡ</td><td>□TATAボックス
□エンハンサー
□GFP（緑色蛍光タンパク質）</td></tr>
<tr><td>修飾</td><td>・mRNAのプロセシング</td><td>□hnRNA</td><td>□snRNA</td></tr>
<tr><td rowspan="2">5
タンパク質</td><td rowspan="2">タンパク質の合成</td><td>・遺伝情報の流れ</td><td>□セントラルドグマ
□翻訳
□ペプチジル転移反応
□トランスロケーション
□逆転写酵素
□アミノアシルtRNA</td><td>□メチオニン
□ホルミルメチオニン
□開始コドン（AUG）
□終止コドン（UAA、UAG、UGA）
□翻訳後修飾</td></tr>
<tr><td>・修飾</td><td>□リン酸化
□メチル化
□糖鎖の付加
□タンパク質の部分切断</td><td>□ジスルフィド結合
□分子シャペロン
□熱ショックタンパク質
□シャペロニン</td></tr>
</table>

範囲		内容	キーワード	
分類	項目			
6 生体防御	免疫応答	・抗原と抗体	□ ハプテン □ キャリア □ 抗体（IgA、IgG、IgM、IgE、IgD） □ 免疫グロブリン □ 抗原抗体反応	□ 補体 □ 定常領域 □ 可変領域 □ H 鎖 □ L 鎖
		・免疫担当細胞	□ マクロファージ □ 抗原提示細胞 □ T 細胞	□ B 細胞 □ NK 細胞
		・異物認識	□ 胸腺 □ 主要組織適合抗原 □ T 細胞受容体	□ アレルギー □ アナフィラキシー

5. 遺伝子工学

範囲		内容	キーワード	
分類	項目			
1 組換えDNAと遺伝子解析	核酸の構造	・二本鎖 DNA の構造と性質	□ マイナス電荷 □ ocDNA □ cccDNA □ linear DNA	□ パリンドローム □ DNA の変性 □ ニック
		・一本鎖 DNA・RNA	□ ステムループ	□ ヘアピン構造
	酵素	・制限酵素と修飾酵素	□ エンドヌクレアーゼ □ エキソヌクレアーゼ □ 制限酵素 □ *Eco*RⅠ □ *Hind*Ⅲ □ *Bam*HⅠ □ *Sma*Ⅰ □ 認識部位 □ 切断部位 □ 4 塩基認識 □ 6 塩基認識 □ 付着末端 □ 平滑末端 □ ライゲーション	□ DNA リガーゼ □ 脱リン酸化 □ アルカリホスファターゼ □ BAP □ DNA ポリメラーゼ □ クレノウ酵素 □ 鋳型 DNA □ プライマー □ オリゴヌクレオチド □ dNTP（dATP、dGTP、dCTP、dTTP） □ cDNA □ 逆転写酵素 □ RNaseH
	宿主・ベクター	・形質転換	□ コンピテントセル □ 塩化カルシウム法	□ ハナハン法
		・宿主	□ 大腸菌 K12 株	
		・ベクター	□ プラスミド □ コロニー □ pBR322 □ pUC18/19 □ 複製開始点 □ 選択マーカー □ 薬剤耐性 □ β–ラクタマーゼ □ マルチクローニングサイト（MCS） □ *lacZ* □ α–相補性 □ IPTG	□ X–gal □ シャトルベクター □ ファージ □ プラーク □ λファージ □ M13 ファージ □ インビトロ（*in vitro*）パッケージング □ *cos* 部位 □ コスミドベクター □ BAC □ YAC

範囲		内容	キーワード	
分類	項目			
1 組換えDNAと遺伝子解析	遺伝子クローニング	・スクリーニング	□クローニング □サブクローニング □ライブラリー	□ゲノムライブラリー □cDNA ライブラリー
		・ハイブリダイゼーション	□ハイブリダイゼーション □プローブ □オリゴヌクレオチド □ラベル（標識） □放射性（RI）標識 □非放射性標識 □ジゴキシゲニン	□ニックトランスレーション □ランダムプライムラベル法（マルチプライムラベル法） □メンブレン □プラークハイブリダイゼーション □コロニーハイブリダイゼーション
	核酸の抽出	・ゲノム DNA 抽出	□プロテイナーゼ K □フェノール抽出 □フェノール・クロロホルム抽出	□エタノール沈殿 □DNase □EDTA
		・プラスミド DNA 抽出	□アルカリ-SDS 法 □リゾチーム □CsCl-EtBr 密度勾配遠心法	□超遠心分離機 □ A_{260}/A_{280}
		・RNA 抽出	□グアニジウムチオシアネート □酸性フェノール法 □オリゴ（dT）カラム	□RNase □DEPC 処理水
	遺伝子の検出	・DNA 断片の増幅・電気泳動	□PCR □RT-PCR □*Taq* DNA ポリメラーゼ □プライマー □サーマルサイクラー □サザンブロット法 □サザンハイブリダイゼーション □ノーザンブロット法 □ノーザンハイブリダイゼーション □*in situ* ハイブリダイゼーション	□エチジウムブロミド（臭化エチジウム） □UV トランスイルミネータ □制限酵素地図 □DNA シークエンシング □マクサム・ギルバート法 □サンガー（ジデオキシ）法 □ddNTP □サイクルシークエンシング法 □キャピラリーシークエンサー □蛍光検出
	遺伝子産物の検出	・タンパク質の検出	□ウェスタンブロット法	

範囲		内容	キーワード	
分類	項目			
2 細胞工学	細胞融合	・融合手法	□ 細胞融合 □ PEG（ポリエチレングリコール） □ HVJ（センダイウイルス）	□ 電気パルス法 □ プロトプラスト □ セルラーゼ □ ペクチナーゼ
		・モノクローナル抗体	□ 脾臓細胞 □ 骨髄腫（ミエローマ）細胞 □ HAT 培地 □ ヒポキサンチン □ アミノプテリン □ チミジン □ ハイブリドーマ □ HGPRT	□ TK □ *de novo* 合成 □ サルベージ経路 □ ELISA □ RIA（ラジオイムノアッセイ） □ プラズマ（形質）細胞 □ モノクローナル抗体 □ ポリクローナル抗体
	発生工学	・遺伝子導入	□ トランスフェクション □ マイクロインジェクション □ エレクトロポレーション □ パーティクルガン法 □ トランスジェニックマウス □ ジーンターゲッティング	□ スーパーマウス □ キメラマウス □ ノックアウトマウス □ ヌードマウス □ 相同組換え □ 胚性幹細胞（ES 細胞） □ iPS 細胞
	植物細胞工学	・組織培養	□ 茎頂培養 □ ウイルスフリー株 □ カルス	□ 葯培養 □ 半数体 □ 胚培養
		・植物成長・開花調節	□ 植物成長調節物質（植物ホルモン） □ オーキシン □ ジベレリン	□ サイトカイニン □ エチレン □ アブシシン酸
		・遺伝子導入	□ アグロバクテリウム □ T-DNA □ *vir* 領域 □ リーフディスク法	□ Ti プラスミド □ バイナリーベクター □ *GUS* 遺伝子 □ クラウンゴール

問題編

注 意 事 項

1. 試験問題の数は午前：60 問、午後：90 問で、解答時間は共に正味 90 分である。
2. 解答方法は次のとおりである。

(1) 各問題には①から⑤までの５つの答えがあるので、そのうち質問に適した答えを一つ選び、次の例にならって答案用紙に記入すること。

（例）問 101　県庁所在地でない市はどれか。

① 秋田市
② さいたま市
③ 栃木市
④ 高知市
⑤ 熊本市

正解は「③」であるから答案用紙の

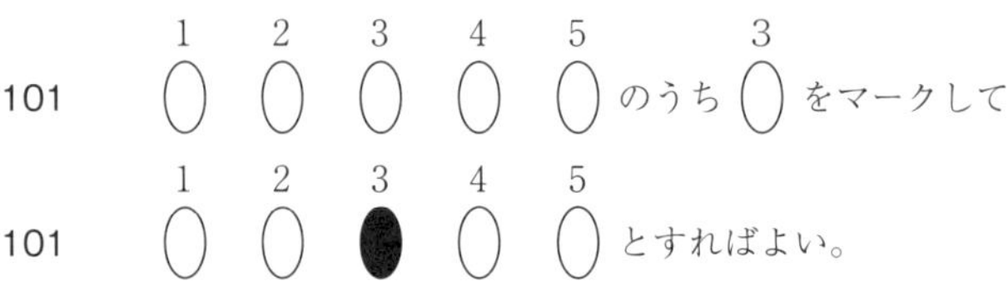

(2) 答案の作成には HB の鉛筆を使用して濃くマークすること。

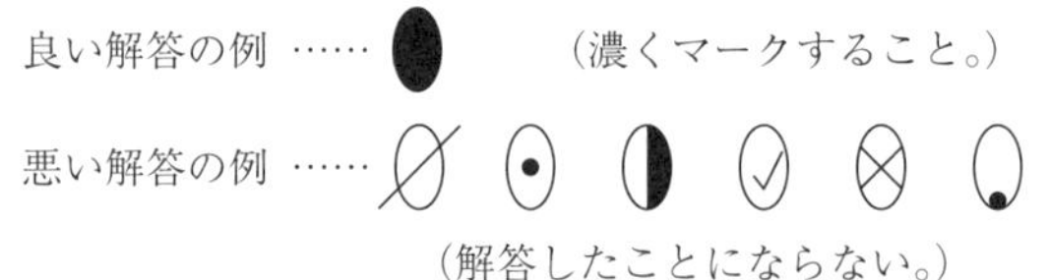

(3) 答えを修正した場合は必ず「消しゴム」であとが残らないように完全に消すこと。鉛筆の色が残ったり「　」のような消し方などをした場合は、修正したことにならないから注意すること。

(4) 1 問に二つ以上解答したときは誤りとする。

(5) 答案用紙は折り曲げたり、メモやチェック等でよごしたりしないよう特に注意すること。

バイオテクノロジー総論

□□ **問1** 紫外可視分光分析に関する記載で正しいのはどれか。

a. 透過率が高くなるほど吸光度は低くなる。
b. 紫外部の分析には重水素ランプが光源として用いられる。
c. 希薄溶液では、溶液濃度と透過率は正比例の関係にある。
d. モル吸光係数は溶媒が異なっても濃度が同じであれば一定の値となる。
e. 試料に多少の濁りがあっても紫外部の吸収には影響はない。

① a, b　② a, e　③ b, c　④ c, d　⑤ d, e

□□ **問2** モル吸光係数が 4.0×10^3（L mol^{-1} cm^{-1}）である物質の 0.2 mmol/L 溶液の吸光度はいくらか。ただしセル長は 1cmとする。

① 0.2　② 0.4　③ 0.8　④ 1.2　⑤ 2.0

□□ **問3** クロマトグラフィーに関する記述で<u>**誤っている**</u>のはどれか。

a. ガスクロマトグラフィーの移動相はエチレンガスを用いる。
b. アフィニティークロマトグラフィーは特異的な吸着反応を利用する。
c. ゲルろ過クロマトグラフィーでは分子量の小さいものが遅れて溶出する。
d. イオン交換クロマトグラフィーは電気的な相互作用を利用して分離する。
e. 移動相の流量が同じであれば、カラム温度が異なっても各分離ピーク保持時間は同じである。

① a, b　② a, e　③ b, c　④ c, d　⑤ d, e

□□ **問4** 液体クロマトグラフィーについて正しいのはどれか。

a. 逆相クロマトグラフィーでは固定相よりも極性の低い移動相を使用する。
b. 移動相はカラムから検出器へ一定速度で流れる。
c. 分離には吸着、分配など様々な原理が利用される。
d. オリゴ DNA の分離には順相クロマトグラフィーが適している。
e. ガラスキャピラリーカラムが用いられる。

① a, b　② a, e　③ b, c　④ c, d　⑤ d, e

【正解】 問１①　問２③　問３②　問４③

□
□ **問5** 電気泳動法について正しいものはどれか。

a. 泳動後タンパク質の染色にはBPBが用いられる。
b. 等電点でタンパク質の移動が速くなる。
c. SDS-PAGEではタンパク質は陰極に向かって泳動される。
d. 1 kbpの核酸の分析にはアガロースゲルが適している。
e. ゲル濃度を高くするとタンパク質の泳動速度は遅くなる。

① a, b ② a, e ③ b, c ④ c, d ⑤ d, e

□
□ **問6** 実習書には半径5cmのローターを用いて8,000 rpmで遠心分離することになっているが、半径20 cmのローターで遠心分離をしたい。同じ遠心力を得るには回転数をいくらにすればよいか。

① 500 rpm ② 1,000 rpm ③ 2,000 rpm
④ 4,000 rpm ⑤ 8,000 rpm

□
□ **問7** クリーンベンチについて**誤っている**のはどれか。

① 内部に無菌の空気が流入する。
② 無菌操作で使用する。
③ 実験中も殺菌灯は点灯しておく。
④ 粉塵は外からの流入が抑制される。
⑤ 空気が外部に吹き出すものと、内部を循環するものがある。

□
□ **問8** 各種観察対象物と顕微鏡の**誤っている**組合せはどれか。

① 植物の成長点 ―― 実体顕微鏡
② 培養中の植物のプロトプラスト ―― 倒立顕微鏡
③ 染色処理をしていない培養細胞 ―― 位相差顕微鏡
④ 蛍光色素で標識した組織切片 ―― 蛍光顕微鏡
⑤ 物質表面の微細構造 ―― 透過型電子顕微鏡

□
□ **問9** 電子天秤の使用法として**誤っている**のはどれか。

① 振動の無い、安定した台に設置する。
② 水準器で水平であることを確認する。
③ 風袋引きを押した後で、薬包紙をのせる。
④ エアコン等の風が当たらない場所で使用する。
⑤ 吸湿性の高い試料は蓋つきの容器で計量する。

【正解】 問5⑤ 問6④ 問7③ 問8⑤ 問9③

□□ **問10** pH メーターについて**誤っている**のはどれか。

a. 試料の温度が変化しても測定値は同じである。
b. 電極の汚れは水酸化ナトリウム溶液で洗浄する。
c. pH標準液で校正してから使用する。
d. 電極内外の電位差を測定する。
e. 電極のガラス膜は乾燥を避ける。

① a, b ② a, e ③ b, c ④ c, d ⑤ d, e

□□ **問11** 突然変異株の選択をする際の方法はどれか

① centrifugation ② freeze ③ homogenate
④ preparation ⑤ replica plating

□□ **問12** 写真の器具はどれか。

① culture flask ② dish
③ plate ④ test tube
⑤ tip

□□ **問13** 機器とその使用目的の組み合わせで**誤っている**のはどれか

① autoclave ——— 滅菌
② clean bench ——— 無菌操作
③ incubator ——— 培養
④ microscope ——— 微生物の観察
⑤ stirrer ——— 分離

□□ **問14** glucose を構成する元素の組み合わせはどれか。

a. calcium b. carbon c. hydrogen
d. oxygen e. phosphorus

① a, b, c ② a, b, e ③ a, d, e ④ b, c, d ⑤ c, d, e

□□ **問15** 水溶液が赤色のリトマス試験紙を青色に変化させるのはどれか。

① acetic acid ② ethanol ③ sodium chloride
④ sodium hydroxide ⑤ sulfuric acid

【正解】 問10 ① 問11 ⑤ 問12 ① 問13 ⑤ 問14 ④ 問15 ④

□□ **問16**　細胞内小器官**でない**ものはどれか。

①　chloroplast　②　cytoplasm　③　Golgi body
④　mitochondria　⑤　nucleus

□□ **問17**　DNA の二重らせん構造に関わる結合様式はどれか。

a.　phosphodiester bond　b.　ionic bond　c.　disulfide bond
d.　peptide bond　e.　hydrogen bond

①　a, b　②　a, e　③　b, c　④　c, d　⑤　d, e

□□ **問18**　貪食を行うのはどれか。

①　antibody　②　antigen　③　embryonic stem cell
④　immunoglobulin　⑤　macrophage

□□ **問19**　接頭語の意味で**誤っている**組み合わせはどれか。

①　cis-　――――　同じ側
②　co-　――――　共に
③　cyto-　――――　酵素
④　de-　――――　脱
⑤　trans-　――――　他の側

□□ **問20**　次の英文の内容はどれか。

When comparing animal cells and plant cells, there are several differences. Plant cells have a cell wall, primarily composed of cellulose, which provides structural support and maintains the cell's shape. Additionally, plant cells contain large vacuoles that play a crucial role in regulating water content and storing nutrients. The most significant distinguishing feature is the presence of chloroplasts. Chloroplasts are the sites of photosynthesis and are responsible for carbon assimilation*.

*)carbon assimilation　炭酸同化

a.　植物細胞と動物細胞を比較すると同じである。
b.　動物細胞には細胞の形を守る構造がある。
c.　栄養物の貯蔵は専用の細胞が担う。
d.　葉緑体は光合成を行っている。
e.　細胞壁の主成分はセルロースである。

①　a, b　②　a, e　③　b, c　④　c, d　⑤　d, e

【正解】　問 16 ②　問 17 ②　問 18 ⑤　問 19 ③　問 20 ⑤

□
□ **問21** カルタヘナ議定書について正しいのはどれか。

① 遺伝子組換え生物（LMO）の国際間の移動に関する取り決めである。
② 生物多様性の維持と持続可能な利用を目指している。
③ ウイルスは対象外である。
④ 人のための医薬品は対象である。
⑤ 交配による新品種は対象である。

□
□ **問22** 遺伝子組換え生物等の使用等の規制について<u>誤っている</u>のはどれか。

① 第一種使用と第二種使用がある。
② 第二種使用等で、培養施設の容量が20 Lを超える場合は大量培養実験と見なされる。
③ 微生物使用実験でP1～P3の拡散防止措置を規定するのは、第一種使用等である。
④ 実験分類はクラス1～4に分けられる。
⑤ 植物使用実験では特定網室を使う場合がある。

□
□ **問23** 安全キャビネットについて正しいのはどれか。

① クリーンベンチで代用できるのは、クラスⅠである。
② クラスⅡでは、外気と共に微生物が入る。
③ クラスⅠでは吸排気とも滅菌される。
④ 吸排気の滅菌は主にHEPAフィルターを用いている。
⑤ クラスⅡであればどのような病原体も扱える。

□
□ **問24** 滅菌の原理についての組み合わせで<u>誤っている</u>のはどれか。

① EOG ――― アルキル化
② オートクレーブ ――― タンパク質変性
③ 紫外線 ――― チミンダイマーの生成
④ ホルムアルデヒド ――― RNAの切断
⑤ ろ過滅菌 ――― 捕捉

□
□ **問25** 手指の消毒に用いるのに適切なのはどれか。

a. 0.1%塩化ベンザルコニウム　b. 1%エチレンオキシドガス
c. 3%次亜塩素酸ナトリウム　d. 70%メタノール
e. 70%エタノール

① a, b　② a, e　③ b, c　④ c, d　⑤ d, e

【正解】 問21 ①　問22 ③　問23 ④　問24 ④　問25 ②

□
□ **問26** γ線に関する記載として<u>**誤っている**</u>ものはどれか。

a. 電子からなる粒子線である。
b. 陽電荷を帯びている。
c. 電磁波の一種である。
d. ^{60}Coを線源として用いる。
e. 日本では食品照射はジャガイモのみに認められている。

① a, b　② a, e　③ b, c　④ c, d　⑤ d, e

□
□ **問27** 廃液の取り扱いについて<u>**誤っている**</u>ものはどれか。

a. エチジウムブロミドの廃液はそのまま下水に廃棄して良い。
b. 重金属廃液は、分別保管をし、専門業者に処理を依頼する。
c. 廃液を取り扱う際は、ゴーグルや手袋、マスクなど着用する。
d. 溶媒を使用した実験器具の洗浄液は回収する。
e. 揮発性の有機溶媒は、換気に注意して揮発拡散させる。

① a, b　② a, e　③ b, c　④ c, d　⑤ d, e

□
□ **問28** <u>**誤っている**</u>ものはどれか。

① フェノールが皮膚に付着したら必ず中和して洗浄する。
② エチジウムブロミドを扱う際は必ず保護手袋を着用する。
③ 衣類の上から硫酸がかかったときは、直ちに脱衣させ、水をかけて洗浄する。
④ 高圧ガスボンベは、架台に立てて固定する。
⑤ オートクレーブでは圧力と温度が十分下がったことを確認してから取り出す。

□
□ **問29** 環境問題に関する以下の語句の説明で正しいものはどれか。

a. 自浄作用 ――― 捕食性の生物により特定外来生物が駆除される。
b. 富栄養化 ――― 水中の窒素化合物やリンなどが減少して水中溶存酸素が増える。
c. 地球温暖化――― 二酸化炭素など温室効果ガスの影響で気温が上昇する。
d. 酸性雨 ――― 増加した大気中の硫黄酸化物などで雨が酸性になる。
e. 生物濃縮 ――― 化学物質が微生物に濃縮される。

① a, b　② a, e　③ b, c　④ c, d　⑤ d, e

【正解】 問26 ①　問27 ②　問28 ①　問29 ④

□
□ **問30** 環境浄化技術に関する説明として正しいものはどれか

① バクテリアリーチングは微生物を用いた環境汚染の浄化法である。
② メタン発酵法は、嫌気性菌による排水処理技術である。
③ バイオスティミュレーションは微生物による鉱物中の微量金属分離技術である。
④ バイオオーギュメンテーションは植物による排水処理技術である。
⑤ 活性汚泥法は残渣が残らない排水処理法である。

【正解】 問 30 ②

出題問題

生化学

□□ **問31** 植物細胞にだけ存在する細胞小器官はどれか。

① ミトコンドリア　② リボソーム　③ 核
④ 細胞膜　⑤ 葉緑体

□□ **問32** 細胞小器官のうち、DNA を**含まない**のはどれか。

a. 核　b. ゴルジ体　c. 小胞体
d. ミトコンドリア　e. 葉緑体

① a，b　② a，e　③ b，c　④ c，d　⑤ d，e

□□ **問33** 0.01 mol/L HCl を 100 倍希釈した溶液の pH はどれか。

① 1　② 2　③ 3　④ 4　⑤ 5

□□ **問34** 0.5 mol/L NaOH 溶液を 500 mL 作るのに必要な NaOH の質量はどれか。ただし、H = 1、O = 16、Na=23 とする。

① 1 g　② 4 g　③ 10 g　④ 20 g　⑤ 40 g

□□ **問35** 糖新生について正しいのはどれか。

① 乳酸やアミノ酸からグルコースができる。
② 血糖値が上がりすぎたときに働く。
③ 糖新生経路は解糖系を全てそのまま逆行する反応である。
④ 肝臓のグリコーゲン量が過剰となった時に行われる。
⑤ 身体が満腹状態の時に起こる反応である。

□□ **問36** 嫌気的状態で、解糖系におけるグルコース 1 分子から生成する正味の ATP の分子数とピルビン酸の分子数の組合せで正しいのはどれか。

	ATP		ピルビン酸
①	2	――	1
②	2	――	2
③	4	――	2
④	6	――	3
⑤	8	――	4

【正解】 問 31 ⑤　問 32 ③　問 33 ④　問 34 ③　問 35 ①　問 36 ②

□□**問37** 二種類の構成糖からなる二糖類はどれか。

① アミロース　② デオキシリボース　③ トレハロース
④ マルトース　⑤ ラクトース

□□**問38** ケトースはどれか。

① ガラクトース　② グリセルアルデヒド　③ グルコース
④ フルクトース　⑤ マンノース

□□**問39** アミノ糖を含む多糖類で**誤っている**のはどれか。

① アミロペクチン　② キチン　③ コンドロイチン硫酸
④ ヒアルロン酸　⑤ ヘパリン

□□**問40** 側鎖が疎水性のアミノ酸はどれか。

① アスパラギン　② グルタミン酸　③ セリン
④ トレオニン　⑤ バリン

□□**問41** アミノ酸とその三文字表記で**誤っている**組み合わせはどれか。

① アラニン ―― Ala
② イソロイシン ―― Ile
③ グルタミン ―― Glu
④ トリプトファン ―― Trp
⑤ リジン ―― Lys

□□**問42** アミノ基転移酵素はどれか。

a. ALT　b. AST　c. TK
d. コハク酸デヒドロゲナーゼ　e. リゾチーム

① a, b　② a, e　③ b, c　④ c, d　⑤ d, e

□□**問43** タンパク質が変性したときの構造はどれか。

① αヘリックス構造　② βシート構造　③ 三次構造
④ 四次構造　⑤ ランダム構造

□□**問44** トリグリセリドを加水分解したとき、脂肪酸と共に生じるのはどれか。

① CoA　② グリセリン　③ コレステロール
④ 糖脂質　⑤ リン脂質

【正解】 問37 ⑤　問38 ④　問39 ①　問40 ⑤　問41 ③　問42 ①　問43 ⑤　問44 ②

□□ **問45** 1気圧において、パルミチン酸より融点が高いのはどれか。

① アラキドン酸　② オレイン酸　③ ステアリン酸
④ リノール酸　⑤ リノレン酸

□□ **問46** コルチゾールの生合成において、出発材料として用いられるのはどれか。

① インターフェロン　② キサンチン　③ コレステロール
④ ヒアルロン酸　⑤ ピリドキサールリン酸

□□ **問47** 脂肪酸アシル CoA の β 酸化反応では 4 つの反応を繰り返す。そのサイクル毎に生じるものはどれか。

① *N*-アセチルグルコサミン　② アセチル CoA
③ グリセルアルデヒド　④ ホルムアルデヒド
⑤ レシチン

□□ **問48** シトシンの脱アミノ反応により生じるのはどれか。

① アデニン　② ウラシル　③ グアニン
④ チミン　⑤ ヒポキサンチン

□□ **問49** DNA の二重らせん構造について、<u>**誤っている**</u>のはどれか。

① ヌクレオチドが結合して鎖が形成される。
② グアニンはシトシンと対を形成する。
③ 二本の鎖の 5' → 3' の方向は互いに逆である。
④ 糖とリン酸が二重らせんの中心部に位置している。
⑤ 標準的な二重らせんの表面には幅の異なる二つの溝がある。

□□ **問50** 酵素反応において、横軸を基質濃度〔S〕、縦軸を反応の初速度 v とした場合、v が最大反応速度の 1/2 の時の基質濃度は次のどれに等しいか。ただし V_{max}：最大反応速度、K_m：ミカエリス定数、[E]：酵素濃度とする。

① [E]　② K_m　③ V_{max}　④ $1/K_m$　⑤ V_{max} / [E]

□□ **問51** 酸化還元酵素に分類されるのはどれか。

a. ホスファターゼ　b. アミラーゼ　c. デヒドロゲナーゼ
d. オキシダーゼ　e. ポリメラーゼ

① a，b　② a，e　③ b，c　④ c，d　⑤ d，e

【正解】 問45 ③　問46 ③　問47 ②　問48 ②　問49 ④　問50 ②　問51 ④

□□ **問52** 酵素により低下するのはどれか。

① 活性化エネルギー ② 基質特異性 ③ 最適温度
④ 最適 pH ⑤ 反応速度

□□ **問53** 欠乏すると夜盲症になるのはどれか。

① コバラミン ② トコフェロール ③ ナイアシン
④ ニコチン酸 ⑤ レチノール

□□ **問54** 水溶性ビタミン**でない**のはどれか。

① アスコルビン酸 ② カルシフェロール ③ チアミン
④ ビオチン ⑤ リボフラビン

□□ **問55** ピルビン酸からの糖新生を促進するホルモンはどれか。

a. アドレナリン b. インスリン c. グルカゴン
d. コルチゾール e. チロキシン

① a，b ② a，e ③ b，c ④ c，d ⑤ d，e

□□ **問56** タンパク質・ペプチドホルモンに分類されるのはどれか。

a. 成長ホルモン b. インスリン c. アドレナリン
d. エストロゲン e. チロキシン

① a，b ② a，e ③ b，c ④ c，d ⑤ d，e

□□ **問57** ヘモシアニンに含まれる元素はどれか。

① Ca ② Co ③ Cu ④ Fe ⑤ Mg

□□ **問58** 哺乳類の細胞内液にもっとも多く含まれる陰イオンはどれか。

① Cl^- ② CO_3^{2-} ② OH^- ④ HPO_4^{2-} ⑤ SO_4^{2-}

□□ **問59** チラコイドの説明として**誤っている**のはどれか。

① CO_2 が固定される。 ② 多数が重なってグラナとなる。
③ 光化学系 I と II が行われる。 ④ 水が分解される。
⑤ ATP が合成される。

□□ **問60** 次の式は植物の光合成反応を表す反応式である。（ウ）にあてはまるのはどれか。

6（ア）+ 12（イ）$\xrightarrow{\text{光のエネルギー}}$ ブドウ糖等の有機物 + 6（ウ）+ 6（イ）

① CO_2 ② HNO_3 ③ H_2O ④ H_2S ⑤ O_2

【正解】 問52 ① 問53 ⑤ 問54 ② 問55 ④ 問56 ① 問57 ③ 問58 ④ 問59 ① 問60 ⑤

微生物学

□□**問1** 酵母と同じ生物群に分類されるものはどれか

① 枯草菌　② 担子菌　③ 乳酸菌　④ 放線菌　⑤ ラン藻類

□□**問2** 光合成独立栄養細菌はどれか。

① コリネバクテリウム　② サルモネラ　③ シアノバクテリア
④ シュードモナス　⑤ マイコプラズマ

□□**問3** グラム陰性菌と比べた場合のグラム陽性細菌の特徴はどれか。

① リポ多糖をもっている。
② 細胞内毒素をもっている。
③ 外膜をもっている。
④ 厚いペプチドグリカン層をもっている。
⑤ ペリプラズム空間をもっている。

□□**問4** ウイルスに関する記述で**誤っている**ものはどれか。

① DNAあるいはRNAをもつ。
② 宿主細胞内で増殖する。
③ 宿主特異性がある。
④ ウイルス粒子内でATPを合成する。
⑤ キャプシドはタンパク質の殻である。

□□**問5** 細菌細胞の外に伸びたタンパク質繊維はどれか。

a. 外膜　b. 芽胞　c. 莢膜　d. 線毛　e. 鞭毛
① a，b　② a，e　③ b，c　④ c，d　⑤ d，e

□□**問6** 核様体をもつのはどれか。

① ウイロイド　② 原生動物　③ 真菌
④ 赤血球　⑤ 大腸菌

【正解】 問１② 問２③ 問３④ 問４④ 問５⑤ 問６⑤

□□ **問7** リゾチームについて**誤っている**のはどれか。

① ペプチドグリカン合成酵素である。
② 涙、唾液、粘液などの分泌物に含まれる。
③ 細菌感染を防ぐ。
④ 鶏卵に存在する。
⑤ T4 ファージの溶菌過程で機能する。

□□ **問8** LPS を構成するのはどれか。

a. DNA　b. RNA　c. アミノ酸　d. 脂質　e. 糖

① a, b　② a, e　③ b, c　④ c, d　⑤ d, e

□□ **問9** 大気中の N_2 を固定できる細菌はどれか。

a. *Azotobacter*　b. *Acetobacter*　c. *Bacillus*
d. *Escherichia*　e. *Rhizobium*

① a, b　② a, e　③ b, c　④ c, d　⑤ d, e

□□ **問10** 酸素が必要な発酵はどれか。

① アセトン・ブタノール発酵　② アルコール発酵
③ メタン発酵　④ 酢酸発酵
⑤ 酪酸発酵

□□ **問11** 窒素循環と**関係しない**のはどれか。

① 硫黄酸化　② 硝化　③ 硝酸還元　④ 脱窒　⑤ 窒素固定

□□ **問12** ファージ数を数える方法はどれか。

① コロニー計数法　② プラーク計数法
③ メチレンブルー染色法　④ 血球計算盤法
⑤ 比濁法

□□ **問13** スタートの菌数が 50 の細菌が、4 時間後に 3200 となった。世代時間はどれに近いか。

① 20 分　② 30 分　③ 40 分　④ 50 分　⑤ 60 分

【正解】 問 7 ①　問 8 ⑤　問 9 ②　問 10 ④　問 11 ①　問 12 ②　問 13 ③

□□ **問14**　バイオアッセイと**関係がない**のはどれか。

① 栄養要求性ネズミチフス菌による変異原性試験
② バッチ培養による大腸菌の増殖速度の測定
③ カブトガニの血液を使った内毒素の定量
④ ビオチン要求性乳酸菌によるビオチンの定量
⑤ ペーパーディスク法による抗生物質の力価測定

□□ **問15**　紫外線照射による突然変異について**誤っている**のはどれか。

a. 260nm付近の波長で起こりやすい。
b. DNAがアルキル化される。
c. DNAに塩基が挿入される。
d. DNAの隣り合うチミン二量体を形成する。
e. 可視光の照射で酵素により修復される。

① a，b　② a，e　③ b，c　④ c，d　⑤ d，e

□□ **問16**　レプリカ法について**誤っている**のはどれか。

① コロニーの転写には滅菌ビロード布を用いる。
② 栄養要求性変異株の取得に用いられる。
③ 完全培地上のコロニーを最少培地と完全培地に転写する。
④ 最少培地は寒天のみを成分とする。
⑤ 完全培地で生育し、最少培地では生育しないコロニーを選択する。

□□ **問17**　変異原となるのはどれか。

① SDS　② コレステロール　③ ニトロソグアニジン
④ フロン　⑤ 尿酸

□□ **問18**　クロラムフェニコールで合成阻害されるのはどれか。

① DNA　② RNA　③ タンパク質
④ 細胞壁　⑤ 細胞膜

□□ **問19**　清酒はどれか。

① 単発酵の発酵酒　② 単行複発酵の蒸留酒　③ 単行複発酵の発酵酒
④ 並行複発酵の発酵酒　⑤ 並行複発酵の蒸留酒

【正解】 問14 ②　問15 ③　問16 ④　問17 ③　問18 ③　問19 ④

□□ **問20** 酵素の固定化法はどれか。

a. 乾燥菌体重量測定法　b. 架橋法　c. 担体結合法
d. 包括法　e. 油浸法

① a, b, c　② a, b, e　③ a, d, e　④ b, c, d　⑤ c, d, e

□□ **問21** ベロ毒素を産生するのはどれか。

① カンピロバクター　② ボツリヌス菌　③ 腸炎ビブリオ菌
④ 黄色ブドウ球菌　⑤ 大腸菌 O157 株

□□ **問22** パスツーリゼーションの説明はどれか。

① 60℃で 30 分間加熱して殺菌する。
② 120℃で 15 分間加熱して滅菌する。
③ 170℃で 3 秒間加熱して滅菌する。
④ 砂糖漬けにして細菌の増殖を抑える。
⑤ アルコール発酵が酸素により抑制される。

□□ **問23** ジャムの保存が可能となる要因はどれか。

a. 加熱　b. 水分活性の低下　c. 抗菌性成分の添加
d. 高 pH　e. 脱酸素

① a, b　② a, e　③ b, c　④ c, d　⑤ d, e

□□ **問24** BOD について、**誤っている**のはどれか。

① 生物化学的酸素要求量のことである。
② 無機物による排水汚染の指標である。
③ 20℃で 5 日間培養する。
④ 単位は mg/L あるいは ppm で表す。
⑤ 値が大きいほど汚染が進んでいる。

□□ **問25** 排水処理法について、正しいのはどれか。

① 散水ろ床法は好気的処理法である。
② 散水ろ床法は高濃度の有機排水の処理に適している。
③ 活性汚泥法は嫌気的処理法である。
④ 活性汚泥法は余剰汚泥の発生が少ない。
⑤ メタン発酵法は処理速度が速い。

【正解】 問 20 ④　問 21 ⑤　問 22 ①　問 23 ①　問 24 ②　問 25 ①

□
□ **問26** 原料受入から製品の出荷までを管理する食品衛生管理法はどれか。

① HACCP ② GLP ③ MPN法
④ バイオオーグメンテーション ⑤ バイオセーフティ

□
□ **問27** 共生関係にあるのはどれか。

① ウイロイド ―― ジャガイモ
② プリオン ―― ウシ
③ 根粒菌 ―― クローバー
④ 枯草菌 ―― 大豆
⑤ ノロウイルス ―― ヒト

□
□ **問28** 平板培地に細菌を塗抹するのに用いるのはどれか。

a. 白金耳 b. 白金線 c. 白金鉤
d. ピペット e. スプレッダー

① a, b ② a, e ③ b, c ④ c, d ⑤ d, e

□
□ **問29** ビタミンの滅菌に用いるのはどれか。

① 火炎滅菌 ② ガス滅菌 ③ 高圧蒸気滅菌
④ 放射線滅菌 ⑤ ろ過滅菌

□
□ **問30** 内毒素の定量法はどれか。

① アミロ法 ② エイムス試験 ③ 菌体容量測定法
④ ペニシリンカップ法 ⑤ リムルステスト

【正解】 問26 ① 問27 ③ 問28 ② 問29 ⑤ 問30 ⑤

分子生物学

□□ **問31** 共生細菌が起源と考えられているのはどれか。

a. 小胞体　b. ミトコンドリア　c. 葉緑体
d. リボソーム　e. リソソーム

① a, b　② a, e　③ b, c　④ c, d　⑤ d, e

□□ **問32** ヒトの染色体について、**誤っている**のはどれか。

① 染色体の中心にテロメアがある。
② 常染色体の数は 44 本である。
③ 減数分裂で染色体数が半分になる。
④ 相同染色体の一方は母親由来、他方は父親由来である。
⑤ X 染色体がある。

□□ **問33** アベリーの実験について**誤っている**のはどれか。

a. 肺炎双球菌を用いた。
b. 病原菌の抽出物を非病原菌と混合した。
c. 病原性の獲得を指標とした。
d. DNase 処理しても形質転換した。
e. 遺伝物質がタンパク質であると結論づけた。

① a, b　② a, e　③ b, c　④ c, d　⑤ d, e

□□ **問34** ヌクレオソームについて正しいのはどれか。

a. ヒストンに DNA が巻きついている。
b. 原核細胞に特有である。
c. 染色体の末端にある。
d. 内部が酸性の膜構造体である。
e. クロマチンの構成単位である。

① a, b　② a, e　③ b, c　④ c, d　⑤ d, e

□□ **問35** DNA の変性をもたらす処理はどれか

a. pH12 程度のアルカリ　b. 95℃以上の加熱　c. DNA 分解酵素
d. 超遠心分離　e. フェノール

① a, b　② a, e　③ b, c　④ c, d　⑤ d, e

【正解】 問 31 ③　問 32 ①　問 33 ⑤　問 34 ②　問 35 ①

□
□ **問36** 片方が次の塩基配列をもつ相補的二本鎖DNAのうち、T_mが最も高いのはどれか

① 5' − GTCTTCCGAGCGCGA − 3'
② 5' − CTCTTCCGAAGTCGA − 3'
③ 5' − ATCTTAAGAATTCTA − 3'
④ 5' − ATCTTCAGAATTCAA − 3'
⑤ 5' − ATCTTCCGAATTCGA − 3'

□
□ **問37** 一本鎖DNAが塩基対合により二本鎖になるのはどれか。

① アニーリング　② クローニング　③ シークエンシング
④ スクリーニング　⑤ ターゲッティング

□
□ **問38** エンドウの種子の色の［黄］と［緑］は対立形質であり、［黄］が顕性（優性）の形質である。遺伝子型AAの［黄］と遺伝子型aaの［緑］をかけあわせる実験を行った。雑種第二代で現れる潜性（劣性）形質の割合に近いのはどれか。

① 0%　② 25%　③ 50%　④ 75%　⑤ 100%

□
□ **問39** コドンが終止コドンに代わる点突然変異はどれか。

① サイレント変異　② サプレッサー変異　③ ナンセンス変異
④ フレームシフト変異　⑤ ミスセンス変異

□
□ **問40** 細胞内でのDNA複製について<u>**誤っている**</u>ものはどれか。

① DNAヘリカーゼにより一本鎖DNAが生じる。
② 岡崎フラグメントは、ラギング鎖として形成されるDNAである。
③ ラギング鎖は、3'→5'方向に合成される。
④ リーディング鎖は、5'→3'方向に合成される。
⑤ DNAの複製は半保存的である。

□
□ **問41** tRNAについて正しいのはどれか。

a. 3'末端にポリ（A）をもつ。
b. 5'末端にキャップ構造をもつ。
c. アミノ酸が付加される。
d. アンチコドンをもつ。
e. リボソームの構成成分である。

① a, b　② a, e　③ b, c　④ c, d　⑤ d, e

【正解】 問36 ①　問37 ①　問38 ②　問39 ③　問40 ③　問41 ④

□□**問42** 終止コドンはどれか。

① AUC　② AUU　③ UAC　④ UAG　⑤ UGG

□□**問43** 触媒能をもつ RNA はどれか。

① アイソザイム　② ジゴキシゲニン　③ シャペロニン
④ ブレオマイシン　⑤ リボザイム

□□**問44** 制限酵素について**誤っている**のはどれか。

a. ATP 分解活性をもつ。
b. *Eco*RI は大腸菌が産生する。
c. Mg^{2+} を必要とする。
d. 細菌の自己防御に用いられる。
e. 脱リン酸化反応を触媒する。

① a，b　② a，e　③ b，c　④ c，d　⑤ d，e

□□**問45** ベクターとして機能するために必要な構成要素はどれか。

a. DNA リガーゼ遺伝子　b. オリゴ（dT）
c. トポイソメラーゼ 遺伝子　d. クローニングサイト
e. 複製開始点

① a，b　② a，e　③ b，c　④ c，d　⑤ d，e

□□**問46** 薬剤耐性遺伝子の産物はどれか。

① β-ラクタマーゼ　② R 因子　③ クレアチンキナーゼ
④ セルラーゼ　⑤ プロテイナーゼ K

□□**問47** リプレッサーの説明として正しいのはどれか。

a. 低分子化合物である。
b. 触媒能をもつ。
c. オペレーターに結合する。
d. RNA ポリメラーゼを阻害する。
e. 立体構造形成を介助する。

① a，b　② a，e　③ b，c　④ c，d　⑤ d，e

【正解】 問 42 ④　問 43 ⑤　問 44 ②　問 45 ⑤　問 46 ①　問 47 ④

□□ **問題48** 原核生物においてプロモーターを認識するのはどれか。

① TATA ボックス　② σ因子　③ エキソン
④ オペロン　⑤ サイレンサー

□□ **問49** レポーター遺伝子を用いて調べられるのはどれか。

a. DNA 複製の速度　b. DNA の損傷量
c. 遺伝子発現の時期　d. タンパク質の細胞内局在
e. 反復配列のコピー数

① a, b　② a, e　③ b, c　④ c, d　⑤ d, e

□□ **問50** エンハンサーが促進するのはどれか。

① DNA 複製　② 転写　③ 逆転写
④ 翻訳　⑤ タンパク質分解

□□ **問51** snRNA の説明として正しいのはどれか。

① mRNA の前駆体である。
② tRNA の塩基修飾反応を行う。
③ スプライシング反応を触媒する。
④ 別名は転移 RNA である。
⑤ リボソームに運ばれて機能する。

□□ **問52** 原核生物の開始コドンにより指定されるアミノ酸はどれか。

① アラニン　② アルギニン　③ オルニチン
④ シスチン　⑤ ホルミルメチオニン

□□ **問53** ペプチジル転移反応が行われるのはどれか。

① 核　② ミトコンドリア　③ ゴルジ体
④ 細胞膜　⑤ リボソーム

□□ **問54** 翻訳後修飾として<u>誤っている</u>のはどれか。

① 糖鎖の付加　② タンパク質の部分切断
③ 溶原化　④ メチル化
⑤ リン酸化

【正解】 問 48 ②　問 49 ④　問 50 ②　問 51 ③　問 52 ⑤　問 53 ⑤　問 54 ③

□□問55　タンパク質が機能的な立体構造をとるために**形成されない**のはどれか。

①　金属結合　②　水素結合　③　疎水結合
④　ジスルフィド結合　⑤　ファンデルワールス結合

□□問56　五量体として分泌されるのはどれか。

①　IgA　②　IgD　③　IgE　④　IgG　⑤　IgM

□□問57　免疫グロブリンについて正しいのはどれか。

①　糖鎖は付加されない。
②　定常領域を認識する細胞表面受容体がある。
③　L 鎖は Large 鎖のことである。
④　可変領域は H 鎖のみに存在する。
⑤　L 鎖の構造によりクラスが分類される。

□□問58　B 細胞が最終的に分化を完了した細胞はどれか。

①　マクロファージ　②　NK 細胞　③　T 細胞
④　形質細胞　⑤　胚性幹細胞

□□問59　抗原提示に用いられるのはどれか。

①　T 細胞受容体　②　補体
③　主要組織適合抗原　④　ポリクローナル抗体
⑤　モノクローナル抗体

□□問60　アレルギーを引き起こす異物が体内に入ると分泌が促進されるのはどれか。

①　アルブミン　②　グルタミン　③　コバラミン
④　ヒスタミン　⑤　ピリドキサールリン酸

【正解】　問 55 ①　問 56 ⑤　問 57 ②　問 58 ④　問 59 ③　問 60 ④

出題問題

遺伝子工学

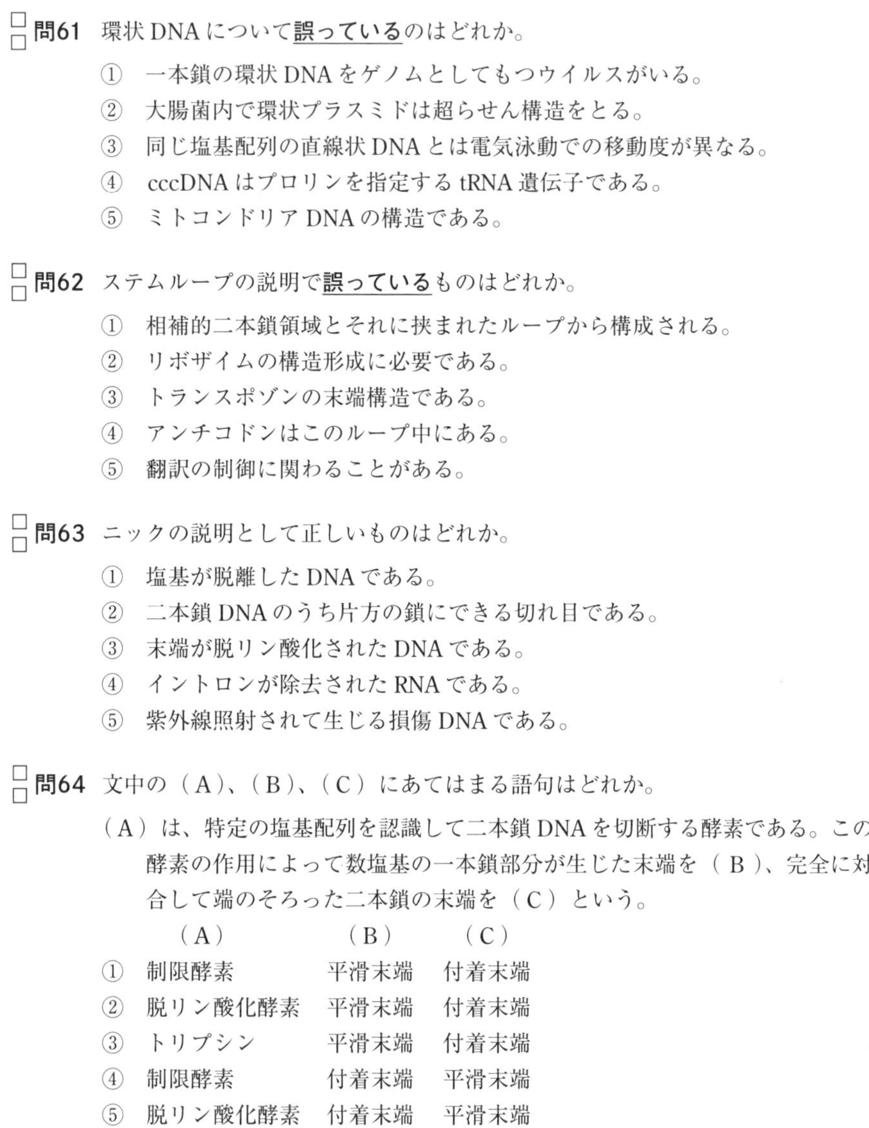

□□ **問61** 環状DNAについて**誤っている**のはどれか。

① 一本鎖の環状DNAをゲノムとしてもつウイルスがいる。
② 大腸菌内で環状プラスミドは超らせん構造をとる。
③ 同じ塩基配列の直線状DNAとは電気泳動での移動度が異なる。
④ cccDNAはプロリンを指定するtRNA遺伝子である。
⑤ ミトコンドリアDNAの構造である。

□□ **問62** ステムループの説明で**誤っている**ものはどれか。

① 相補的二本鎖領域とそれに挟まれたループから構成される。
② リボザイムの構造形成に必要である。
③ トランスポゾンの末端構造である。
④ アンチコドンはこのループ中にある。
⑤ 翻訳の制御に関わることがある。

□□ **問63** ニックの説明として正しいものはどれか。

① 塩基が脱離したDNAである。
② 二本鎖DNAのうち片方の鎖にできる切れ目である。
③ 末端が脱リン酸化されたDNAである。
④ イントロンが除去されたRNAである。
⑤ 紫外線照射されて生じる損傷DNAである。

□□ **問64** 文中の（A）、（B）、（C）にあてはまる語句はどれか。

（A）は、特定の塩基配列を認識して二本鎖DNAを切断する酵素である。この酵素の作用によって数塩基の一本鎖部分が生じた末端を（B）、完全に対合して端のそろった二本鎖の末端を（C）という。

	（A）	（B）	（C）
①	制限酵素	平滑末端	付着末端
②	脱リン酸化酵素	平滑末端	付着末端
③	トリプシン	平滑末端	付着末端
④	制限酵素	付着末端	平滑末端
⑤	脱リン酸化酵素	付着末端	平滑末端

【正解】 問61 ④　問62 ③　問63 ②　問64 ④

□
□ **問65** 逆転写酵素の説明として正しいものはどれか。

① DNA をランダムに分解する。
② DNA を末端から分解する。
③ DNA を鋳型にして RNA を合成する。
④ RNA を末端から分解する。
⑤ RNA を鋳型にして DNA を合成する。

□
□ **問66** ライゲーションの説明で誤っているものはどれか。

① 生成物は細胞外に分泌される。
② 連結反応のことである。
③ リガーゼが触媒する。
④ 組換え DNA 実験で行われる。
⑤ 岡崎フラグメントに対して行われる。

□
□ **問67** プラスミドの説明として誤っているものはどれか。

① 染色体外遺伝因子である。
② 外毒素として機能する。
③ 細胞内で複数コピー存在する場合がある。
④ ベクターとして利用される。
⑤ 接合に関わるものがある。

□
□ **問68** *in vitro* パッケージングの説明として誤っているものはどれか。

① 試験管内パッケージングともいう。
② 感染性のウイルス粒子を作製する方法である。
③ cDNA ライブラリーの作製に用いられることがある。
④ RNA ワクチンの製造過程で行われる。
⑤ λファージ由来ベクターには cos 部位が必要である。

□
□ **問69** 文中の（A）と（B）にあてはまる語句の組合せはどれか。
化学処理により、細胞外 DNA を取込む能力を向上させた細胞を（A）という。
その作製法には、（B）や塩化ルビジウム法などがある。

	(A)		(B)
①	コンピテントセル	——	塩化カルシウム法
②	コンピテントセル	——	アルカリ-SDS 法
③	プラズマ細胞	——	塩化カルシウム法
④	ES 細胞	——	塩化カルシウム法
⑤	ES 細胞	——	アルカリ-SDS 法

【正解】 問 65 ⑤　問 66 ①　問 67 ②　問 68 ④　問 69 ①

□
□ **問70** *lacZ* 遺伝子産物の人工基質はどれか。

① dATP ② GFP ③ IPTG ④ NAD ⑤ X-gal

□
□ **問71** RNA と DNA による二本鎖核酸のうち、RNA のみを分解する酵素は何か.

① BAP ② RNA ポリメラーゼ II ③ RNaseA
④ RNaseH ⑤ Taq DNA ポリメラーゼ

□
□ **問72** ランダムプライムラベル法に用いる酵素はどれか。

① DNAseI ② アルカリホスファターゼ
③ RNA ポリメラーゼ ④ クレノウ酵素
⑤ プライマー合成酵素

□
□ **問73** 1 Mbp の DNA 断片をクローニングするために用いるベクターはどれか.

① コスミド ② ファージ ③ プラスミド
④ BAC ⑤ YAC

□
□ **問74** DNA のフェノール抽出で、遠心分離後、フェノール層と水層の間に見える沈殿は（ A ）色で（ B ）が不溶化したものである。（ A ）、（ B ）内に入れる用語の正しい組み合わせはどれか。

	A		B
①	白	——	タンパク質
②	白	——	DNA
③	白	——	RNA
④	黄	——	脂質
⑤	黄	——	タンパク質

□
□ **問75** 検体の DNA 標品を滅菌水に溶かし、260 nm における吸光度 (A_{260}) 及び 280 nm における吸光度 (A_{280}) を各々測定し、A_{260}/A_{280} を求めたところ、以下のデータが得られた。一番純度が高い DNA 標品はどれか。

① 0.95 ② 1.05 ③ 1.25 ④ 1.60 ⑤ 1.82

□
□ **問76** RNA 抽出において DEPC 処理水を使用する目的は何か。

① 抽出溶液の pH を下げるため
② RNA の溶解性を高めるため
③ タンパク質を沈殿除去するため
④ DNA を除去するため
⑤ RNA 分解酵素を失活させるため

【正解】 問 70 ⑤ 問 71 ④ 問 72 ④ 問 73 ⑤ 問 74 ① 問 75 ⑤ 問 76 ⑤

□□ **問77** 文中の（A）、（B）、（C）にあてはまる正しい語句の組み合わせはどれか。

DNAは緩衝液中で（A）に荷電しているため、電気泳動により（B）極側に移動し、アガロースゲル中でDNA分子の（C）によって分離される。

	(A)	(B)	(C)
①	プラス	プラス	GC含量
②	マイナス	プラス	長さ
③	プラス	マイナス	GC含量
④	プラス	マイナス	長さ
⑤	マイナス	プラス	GC含量

□□ **問78** サンガー法においてddNTPが鎖終結体として機能するための構造はどれか。

① 1' 塩基　② 2' デオキシ　③ 3' デオキシ
④ 5' デオキシ　⑤ 5' 三リン酸

□□ **問79** DNAの極大吸収波長はどれか。

① 210 nm　② 260 nm　③ 280nm　④ 360 nm　⑤ 600 nm

□□ **問80** DNAポリメラーゼの触媒活性に必要なイオンはどれか。

① カリウム　② マグネシウム　③ カルシウム
④ 鉄　⑤ 塩化物

□□ **問81** 目的のモノクローナル抗体を産生する細胞の選別に行われるのはどれか。

① ELISA　② PEG法　③ ノーザンブロット法
④ ハナハン法　⑤ パルスフィールドゲル電気泳動

□□ **問82** ハイブリドーマ作製時に使用するのはどれか。

① 膵臓　② 胸腺　③ 脾臓　④ 副腎　⑤ 性腺

□□ **問83** モノクローナル抗体作製に用いるミエローマ細胞がもつのはどれか。

a. *de novo* 経路　b. HGPRT　c 抗体産生能
d. サルベージ経路　e. 無限増殖能

① a, b　② a, e　③ b, c　④ c, d　⑤ d, e

【正解】 問77 ②　問78 ③　問79 ②　問80 ②　問81 ①　問82 ③　問83 ②

□□ **問84** 遺伝子導入マウスはどれか。

a. キメラマウス　b. スーパーマウス
c. トランスジェニックマウス　d. ヌードマウス
e. ノックアウトマウス

① a, b　② a, e　③ b, c　④ c, d　⑤ d, e

□□ **問85** iPS細胞について**誤っている**のはどれか。

① 分化多能性をもつ。
② 無限増殖能をもつ。
③ 初期胚細胞に遺伝子を導入して作製する。
④ 損傷組織修復のための利用が検討されている。
⑤ 治療薬の候補が探索されている。

□□ **問86** ゲノム編集動物を作製するために編集ツールを受精卵に導入する方法はどれか。

① エレクトロポレーション法　② パーティクルガン法
③ マイクロインジェクション法　④ リポフェクション法
⑤ リン酸カルシウム法

□□ **問87** ウイルスフリー苗を作る方法はどれか。

① 葯培養　② 胚培養　③ カルス培養
④ 茎頂培養　⑤ 花粉培養

□□ **問88** ジベレリンについて**誤っている**のはどれか。

① 果実の成熟を促進する。
② 植物ホルモンの一種である。
③ イネばか苗病菌が分泌する。
④ 種なしブドウの作出に用いられる。
⑤ わい性植物の成長を促進する。

□□ **問89** リーフディスク法で用いるベクターはどれか。

① BAC　② pUC系　③ YAC　④ コスミド　⑤ バイナリー

□□ **問90** T-DNA上に存在する遺伝子はどれか。

a. サイトカイニン合成酵素遺伝子　b. オーキシン合成酵素遺伝子
c. *GUS*遺伝子　d. β-ガラクトシダーゼ遺伝子
e. 逆転写酵素遺伝子

① a, b　② a, e　③ b, c　④ c, d　⑤ d, e

【正解】 問84 ③　問85 ③　問86 ③　問87 ④　問88 ①　問89 ⑤　問90 ①

バイオテクノロジー総論

□□ **問1** 吸光光度法について**誤っている**のはどれか。

① 吸光度は光路長に比例する。
② 吸光度は溶液のモル濃度に比例する。
③ 透過率は、入射光強度／透過光強度によって求められる。
④ モル吸光係数は物質固有の値である。
⑤ 濁りのある試料は吸光度の値に誤差が生じる。

□□ **問2** ある物質Aの希釈溶液の吸光度を測定したところ以下のような結果となった。A溶液の吸光度が0.32のとき、その濃度に最も近い値はどれか。単位はmol/Lとする。

濃度（mol/L）	0.1	0.2	0.5	1.0
吸光度	0.05	0.10	0.24	0.50

① 0.64　② 0.72　③ 0.80　④ 0.88　⑤ 0.96

□□ **問3** ガスクロマトグラフィーについて**誤っている**のはどれか。

a. 移動相は気体である。
b. 移動相の送出にはポンプを用いる。
c. 検出器として示差屈折率（RI）検出器を用いることがある。
d. キャピラリーカラムを用いることがある。
e. 移動相の流速を下げると、保持時間が長くなる。

① a, b　② a, e　③ b, c　④ c, d　⑤ d, e

□□ **問4** ゲルろ過クロマトグラフィーについて**誤っている**のはどれか。

① 分子ふるいクロマトグラフィーともいう。
② ゲル内は立体的な網目構造になっている。
③ 分子の大きさや形状により分離する。
④ 小さな分子から順に溶出する。
⑤ タンパク質の分子量を推定することができる。

【正解】 問1③ 問2① 問3③ 問4④

□
□ **問5** SDS-PAGE について**誤っている**のはどれか。

① タンパク質サブユニットのおおよその分子量がわかる。
② 泳動後はエチジウムブロミドで染色する。
③ 担体としてポリアクリルアミドゲルを用いる。
④ タンパク質は SDS と結合してマイナスの電荷をもつ。
⑤ ゲル濃度を低くすると、泳動速度が大きくなる。

□
□ **問6** 実験書に半径 4 cm のローターを用いて 3,000 rpm で遠心するよう指示されていたが、半径 9 cm のローターを使用したい。同じ遠心力を得るために必要な回転数はどれか。単位は rpm とする。

① 1,000 ② 2,000 ③ 3,000 ④ 4,000 ⑤ 6,000

□
□ **問7** クリーンベンチについて正しいのはどれか。

① 装置内部は陰圧になっている。
② HEPA フィルターでろ過した空気を庫内に供給する。
③ 内部の殺菌にはエチレンオキシドガスを用いる。
④ 使用時は紫外線ランプを点灯しておく。
⑤ 病原微生物を扱うことができる。

□
□ **問8** 動物培養細胞を染色せずに観察することができるのはどれか。

① 位相差顕微鏡 ② 蛍光顕微鏡 ③ 生物顕微鏡
④ 実体顕微鏡 ⑤ 透過型電子顕微鏡

□
□ **問9** 実験機器・器具の取り扱いについて正しいのはどれか。

① pH メーターのガラス電極は、乾燥させて保管する。
② 電子天秤は、使用前に水準器で水平であることを確認する。
③ アングルローターを使用すると、遠心時の遠心管のバランスは不要である。
④ 生物顕微鏡は、試料を載せたステージを上げながら焦点を合わせる。
⑤ マイクロピペッターは、揮発性の高い溶液の計量に適している。

【正解】 問５② 問６② 問７② 問８① 問９②

□
□ **問10** GC/MSについて正しいのはどれか。

a. DNAが二重らせん構造であることの証明に用いられた。
b. 強い磁場をかけて、分子の化学構造を解析する。
c. 元素が特定の波長の光を吸収することを利用している。
d. 質量分析計を検出器として用いる。
e. 気体または気化する物質の分析に用いる。

① a, b　② a, e　③ b, c　④ c, d　⑤ d, e

□
□ **問11** concentrationの反対の意味の語はどれか。

① decantation　② density　③ detection
④ dilution　⑤ dissolution

□
□ **問12** 訳語の正しいのはどれか。

① absorbance ——— 飽和
② centrifugation ——— 冷蔵
③ method ——— 装置
④ precipitate ——— 上清
⑤ substrate ——— 基質

□
□ **問13** 大腸菌を37℃で培養する時に用いる装置はどれか。

① aspirator　② blotter　③ freezer
④ incubator　⑤ microscope

□
□ **問14** 水溶液中で陰イオンになるのはどれか。

① calcium　② chlorine　③ hydrogen
④ magnesium　⑤ sodium

□
□ **問15** 生理食塩水を示す語はどれか。

① acid　② base　③ buffer　④ reagent　⑤ saline

□
□ **問16** 胆汁を合成するのはどれか。

① brain　② heart　③ kidney　④ liver　⑤ lung

【正解】 問10 ⑤　問11 ④　問12 ⑤　問13 ④　問14 ②　問15 ⑤　問16 ④

□
□ **問17** 訳語が**誤っている**のはどれか。

① expression ——— 発現
② recombination ——— 組換え
③ replication ——— 翻訳
④ transcription ——— 転写
⑤ transformation ——— 形質転換

□
□ **問18** 「その場で」という意味の語はどれか。

① *de novo*　② *in silico*　③ *in situ*　④ *in vitro*　⑤ *in vivo*

□
□ **問19** 10^{-9} を表すのはどれか。

① kilo　② micro　③ milli　④ nano　⑤ pico

□
□ **問20** 次の英文の内容に**含まれない**のはどれか。

Plasmids are circular double-stranded DNA ranging from 1 kbp to 200 kbp. They grow autonomously in bacteria such as *E. coli*. The plasmid is cut with any restriction enzyme, and DNA fragments cut with the same restriction enzyme are incorporated to create a vector.

① プラスミドは環状二本鎖 DNA である。
② プラスミドは細菌の中で自律的に増殖できる。
③ 大腸菌は 1 kbp ～ 200 kbp のプラスミドをもつ。
④ プラスミドは制限酵素で切断することができる。
⑤ プラスミドからベクターを構築することができる。

□
□ **問21** カルタヘナ議定書について**誤っている**のはどれか。

① 生物多様性についての条約に基づき制定された。
② LMO の国際間の移動に関しての取り決めである。
③ 議定書における生物の定義にはウイルスが含まれる。
④ 第二種使用等とは、拡散防止措置を講じることなく使用することである。
⑤ ヒトの細胞は対象外である。

【正解】 問 17 ③　問 18 ③　問 19 ④　問 20 ③　問 21 ④

□
□ **問22** P2 レベル実験室について**誤っている**のはどれか。

a. 実験室内は陰圧になっている。
b. 前室の設置が必要である。
c. エアロゾルの発生は最小限にとどめる。
d. 「P２レベル実験中」の表示をする。
e. 廃棄物等は不活化の処理をしてから廃棄する。

① a，b　② a，e　③ b，c　④ c，d　⑤ d，e

□
□ **問23** 遺伝子組換え実験における実験分類について**誤っている**のはどれか。

① 拡散防止措置を決めるための分類である。
② 文部科学大臣が定めている。
③ 宿主と供与核酸の危険度により分類する。
④ 宿主に対する病原性と伝播性に基づき分類する。
⑤ クラス１はもっとも危険度の高い分類である。

□
□ **問24** 手指の消毒に用いるのはどれか。

a. エチレンオキシドガス　b. 70%エタノール
c. 塩化ベンザルコニウム溶液　d. 次亜塩素酸ナトリウム溶液
e. 滅菌水

① a，b　② a，e　③ b，c　④ c，d　⑤ d，e

□
□ **問25** 放射線滅菌について**誤っている**のはどれか。

① 線源として主に ^{60}Co を使用する。
② 熱をかけることができない素材の滅菌に適している。
③ 残留について考慮せずに使用できる。
④ 乾燥などの後処理が不要である。
⑤ 日本国内では食品の滅菌に利用されている。

□
□ **問26** 放射線について**誤っている**のはどれか。

① α 線は、負電荷を帯びている。
② α 線は、外部被ばくより内部被ばくの危険性が問題となる。
③ β 線は、α 線より透過力が強い。
④ γ 線は、電磁波である。
⑤ 中性子線は、粒子線である。

【正解】 問22 ①　問23 ⑤　問24 ③　問25 ⑤　問26 ①

□
□ **問27** 有害物質を含む廃液の取り扱いについて**誤っている**のはどれか。

① アセトンの廃液は、換気しながら揮発拡散させる。
② 鉛を含む廃液は、分別保管して専門業者に処理を依頼する。
③ 硝酸銀を含む溶液を使用したときは、器具の洗浄液も回収する。
④ 1 mol/L 水酸化ナトリウム溶液は、中和後希釈して下水廃棄してよい。
⑤ 処理時にはゴーグルなどの保護具を使用する。

□
□ **問28** 実験中にフェノールが手に付着した。この時に患部に対して速やかに行うのはどれか。

① 氷で冷却する。
② 大量の水で洗浄する。
③ アンモニア水で中和する。
④ 希塩酸で中和する。
⑤ ワセリンを塗って保護する。

□
□ **問29** 環境問題とその主な原因として**誤っている**のはどれか。

a. 赤潮 ――― 水系の富栄養化
b. 地球温暖化 ――― 温室効果ガスの増加
c. 酸性雨 ――― 硫黄酸化物や窒素酸化物の増加
d. 海洋汚染 ――― 南極の氷床の融解
e. オゾン層破壊 ――― 大気中の放射性同位元素の増加

① a，b　② a，e　③ b，c　④ c，d　⑤ d，e

□
□ **問30** バイオレメディエーションの説明はどれか。

① 微生物を利用して、土壌や地下水等の汚染を浄化する。
② 嫌気性菌を利用して、有機廃液を分解処理する。
③ 微生物を利用して、鉱石中の金属を分離する。
④ 微生物を利用して、活性汚泥から肥料を作る。
⑤ 光合成細菌を利用して、二酸化炭素を固定する。

【正解】 問27 ①　問28 ②　問29 ⑤　問30 ①

出題問題

生化学

□□ **問31** 原核細胞と真核細胞の両方に存在するのはどれか。

① ゴルジ体　② 小胞体　③ 中心体
④ ミトコンドリア　⑤ リボソーム

□□ **問32** Na^+,K^+- ポンプについて**誤っている**のはどれか。

① 細胞膜に存在する。
② ATP のエネルギーを利用する。
③ 浸透圧調節に関与している。
④ 細胞内の K^+ を細胞外に排出する。
⑤ 能動輸送を担う。

□□ **問33** 0.1 mol/L NaOH 溶液を 10 倍希釈したときの pH はどれか。

① 9　② 10　③ 11　④ 12　⑤ 13

□□ **問34** 0.5 mol/L NaCl 溶液を 400 mL 作るには、NaCl は何 g 必要か。ただし、Na=23、Cl = 35.5 とする。

① 5.9　② 11.7　③ 14.7　④ 29.3　⑤ 58.5

□□ **問35** 高濃度の塩溶液中でタンパク質が不溶化する現象を何というか。

① 塩析　② 凝固点降下　③ 凝析
④ 昇華　⑤ 透析

□□ **問36** 真核細胞における解糖系について**誤っている**のはどれか。

① グルコースが分解される。
② 酸素を必要としない反応である。
③ ATP を生成する。
④ ピルビン酸を生成する。
⑤ ミトコンドリア内の反応である。

□□ **問37** 多糖類はどれか。

① アミロース　② ガラクトース　③ グリセルアルデヒド
④ グルコース　⑤ マンノース

【正解】 問 31 ⑤　問 32 ④　問 33 ④　問 34 ②　問 35 ①　問 36 ⑤　問 37 ①

□
□ **問38** 構成糖としてフルクトースを含む二糖類はどれか。

① グリコーゲン　② スクロース　③ デオキシリボース
④ マルトース　⑤ ラクトース

□
□ **問39** 単糖の分類においてアルドースという名称の由来となった官能基はどれか。

① －CHO　② ＞CO　③ －COOH
④ $-NH_2$　⑤ －O－

□
□ **問40** 光学異性体を**もたない**アミノ酸はどれか。

① アラニン　② イソロイシン　③ グリシン
④ チロシン　⑤ ロイシン

□
□ **問41** 含硫アミノ酸はどれか。

a. システイン　b. トレオニン　c. フェニルアラニン
d. プロリン　e. メチオニン

① a，b　② a，e　③ b，c　④ c，d　⑤ d，e

□
□ **問42** タンパク質の構造について**誤っている**のはどれか。

a. 一次構造とは、アミノ酸の配列順序である。
b. 二次構造の形成には、水素結合が関与する。
c. αヘリックスは、二次構造の一つである。
d. 三次構造は、複数のポリペプチド鎖が集まった複合体である。
e. 四次構造は、タンパク質と金属元素が結合したものである。

① a，b　② a，e　③ b，c　④ c，d　⑤ d，e

□
□ **問43** オルニチン回路について**誤っている**のはどれか。

① アンモニアを解毒する反応系である。
② オルニチンはアミノ酸の一種である。
③ 肝臓で行われる反応である。
④ 尿素回路ともいう。
⑤ ATPを生成する反応である。

【正解】 問38 ② 問39 ① 問40 ③ 問41 ② 問42 ⑤ 問43 ⑤

□□ **問44** 常温常圧（20℃、1 atm）で固体である脂肪酸はどれか。

a.　アラキドン酸　　b.　オレイン酸　　c.　ステアリン酸
d.　パルミチン酸　　e.　リノール酸

①　a，b　②　a，e　③　b，c　④　c，d　⑤　d，e

□□ **問45** 中性脂肪の分子内に含まれる結合はどれか。

①　エステル結合　②　グリコシド結合　③　ジスルフィド結合
④　水素結合　⑤　ペプチド結合

□□ **問46** コレステロールについて<u>**誤っている**</u>のはどれか。

①　六員環と五員環を含む有機化合物である。
②　ステロイドの一種である。
③　ホルモンの前駆体となる。
④　生体膜の成分である。
⑤　動物より植物に多く含まれる。

□□ **問47** β 酸化の反応が行われるのはどれか。

①　滑面小胞体　②　ゴルジ体　③　細胞質ゾル
④　ミトコンドリア　⑤　リボソーム

□□ **問48** AMP について<u>**誤っている**</u>のはどれか。

①　アデニル酸ともいう。
②　ヌクレオチドの一種である。
③　リボースをもつ。
④　リン酸基をもつ。
⑤　ピリミジン塩基をもつ。

□□ **問49** ヒトにおけるプリン塩基の最終代謝産物はどれか。

①　イノシン酸　②　キサンチン　③　尿酸
④　ヒポキサンチン　⑤　ピリドキシン

【正解】 問44 ④　問45 ①　問46 ⑤　問47 ④　問48 ⑤　問49 ③

□□問50　酵素について正しいのはどれか。

a.　化学反応の触媒である。
b.　反応の活性化エネルギーを減少させる。
c.　K_m 値が大きいほど酵素と基質の親和力が大きい。
d.　反応には多くの副生成物をともなう。
e.　アイソザイムは複数の化学反応を触媒する。

①　a，b　②　a，e　③　b，c　④　c，d　⑤　d，e

□□問51　EC 番号が 1 で始まるのはどれか。

①　異性化酵素　②　加水分解酵素　③　酸化還元酵素
④　脱離酵素　⑤　転移酵素

□□問52　反応の初速度を v、最大反応速度を V_{max}、基質濃度を [S]、ミカエリス定数を K_m とすると、ミカエリス・メンテンの式は　$v = V_{max} \times [S] / (K_m + [S])$ で示される。基質濃度が K_m 値の 4 倍の濃度で酵素反応を行うと、反応の初速度は最大反応速度の何％か。

①　50％　②　65％　③　75％　④　80％　⑤　90％

□□問53　欠乏すると神経炎（脚気）になるのはどれか。

①ビタミンA　②　ビタミンB_1　③　ビタミンC
④ビタミンD　⑤　ビタミンK

□□問54　脂溶性ビタミンはどれか。

①　アスコルビン酸　②　カルシフェロール　③　シアノコバラミン
④　チアミン　⑤　ビオチン

□□問55　副腎皮質から分泌されるのはどれか。

①　アドレナリン　②　インスリン　③　グルカゴン
④　コルチゾール　⑤　チロキシン

□□問56　血糖値を低下させるホルモンを分泌するのはどれか。

①　肝臓　②　甲状腺　③　膵臓
④　脳下垂体　⑤　副腎髄質

【正解】　問 50 ①　問 51 ③　問 52 ④　問 53 ②　問 54 ②　問 55 ④　問 56 ③

□
□ **問57** ヘモグロビンに含まれるのはどれか。

① 鉄　② 銅　③ マグネシウム
④ ヨウ素　⑤ リン

□
□ **問58** 人体に最も多く存在する金属元素はどれか。

① カリウム　② カルシウム　③ 鉄
④ ナトリウム　⑤ マグネシウム

□
□ **問59** C_4 植物について**誤っている**のはどれか。

① 強光・高温条件に適している。
② CO_2 を取り込んでオキサロ酢酸を生成する。
③ C_4 ジカルボン酸回路でグルコースを生成する。
④ 維管束鞘細胞は葉緑体をもつ。
⑤ トウモロコシは C_4 植物である。

□
□ **問60** 葉緑体のチラコイドで行われるのはどれか。

a. ATP の合成　b. カルビン回路　c. CO_2 の固定
d. 光化学系Ⅱ　e. 水の分解

① a, b, c　② a, b, e　③ a, d, e　④ b, c, d　⑤ c, d, e

【正解】 問 57 ①　問 58 ②　問 59 ③　問 60 ③

微生物学

□□ **問1** グラム陰性菌はどれか。

① 黄色ブドウ球菌　② 枯草菌　③ 大腸菌
④ 乳酸菌　⑤ 酪酸菌

□□ **問2** 菌糸に隔壁をもつのはどれか。

a. アオカビ　b. キコウジカビ　c. クモノスカビ
d. ケカビ　e. ツボカビ

① a，b　② a，e　③ b，c　④ c，d　⑤ d，e

□□ **問3** マイコプラズマについて**誤っている**のはどれか。

a. 細胞壁をもたない細菌である。
b. 真核細胞に寄生する。
c. 出芽で増殖する。
d. 80S リボソームをもつ。
e. 病原性をもつものがある。

① a，b　② a，e　③ b，c　④ c，d　⑤ d，e

□□ **問4** DNA をゲノムとしてもつのはどれか。

① インフルエンザウイルス　② コロナウイルス
③ タバコモザイクウイルス　④ 日本脳炎ウイルス
⑤ λファージ

□□ **問5** 細菌の鞭毛を構成する主要タンパク質はどれか。

① ケラチン　② コラーゲン　③ フェレドキシン
④ フラジェリン　⑤ リゾチーム

□□ **問6** ペプチドグリカンを構成するのはどれか。

a. アセチル CoA　b. *N*-アセチルグルコサミン
c. *N*-アセチルムラミン酸　d. NAD
e. レシチン

① a，b　② a，e　③ b，c　④ c，d　⑤ d，e

【正解】 問1 ③　問2 ①　問3 ④　問4 ⑤　問5 ④　問6 ③

□□ **問7** リボソームの構成成分はどれか。

a. DNA　b. RNA　c. タンパク質
d. デキストリン　e. リン脂質

① a，b　② a，e　③ b，c　④ c，d　⑤ d，e

□□ **問8** パーミアーゼについて正しいのはどれか。

a. 透過酵素ともいう。
b. 特定の物質の輸送に関与する。
c. 酸化還元酵素である。
d. 細胞内タンパク質である。
e. ATP の合成反応を伴う。

① a，b　② a，e　③ b，c　④ c，d　⑤ d，e

□□ **問9** ヘテロ乳酸発酵の生成物として**誤っている**のはどれか。

① ATP　② エタノール　③ 二酸化炭素
④ 乳酸　⑤ 酪酸

□□ **問10** 化学合成独立栄養細菌はどれか。

① 硫黄酸化細菌　② 黄色ブドウ球菌　③ 光合成細菌
④ 枯草菌　⑤ 大腸菌

□□ **問11** 酢酸発酵を行うのはどれか。

① *Acetobacter aceti*　② *Bacillus subtilis*
③ *Clostridium butyricum*　④ *Lactobacillus plantarum*
⑤ *Staphylococcus aureus*

□□ **問12** 対数増殖期にある細菌の菌数が 0.1 mL あたり 1.0×10^2 であった。3 時間後に 6.4×10^3 になったとすると、世代時間はどれか。単位は分とする。

① 20　② 30　③ 40　④ 60　⑤ 100

□□ **問13** 溶原化したファージ DNA はどれか。

① キャプシド　② コロニー　③ バーストサイズ
④ プラーク　⑤ プロファージ

【正解】 問 7 ③　問 8 ①　問 9 ⑤　問 10 ①　問 11 ①　問 12 ②　問 13 ⑤

□
□ **問14**　R因子について**誤っている**のはどれか。

①　染色体外に存在する。
②　環状二本鎖DNAである。
③　接合により伝達されることがある。
④　薬剤耐性遺伝子をもつ。
⑤　性決定に関与する。

□
□ **問15**　変異原はどれか。

a.　エチジウムブロミド　　　b.　キサントフィル
c.　グルタミン酸　　　d.　トリプトファン
e.　ニトロソグアニジン

①　a，b　　②　a，e　　③　b，c　　④　c，d　　⑤　d，e

□
□ **問16**　トランスポゾンについて**誤っている**のはどれか。

①　突然変異を誘発する。
②　原核細胞に特有の構造である。
③　両末端に反復配列がある。
④　ゲノムDNA上を移動する。
⑤　ゲノムDNAへの遺伝子導入に利用する。

□
□ **問17**　レプリカ平板法により栄養要求変異株を取得する際に使用するのはどれか。

a.　完全培地　　b.　最少培地　　c.　斜面培地
d.　天然培地　　e.　軟寒天培地

①　a，b　　②　a，e　　③　b，c　　④　c，d　　⑤　d，e

□
□ **問18**　単発酵により作られるのはどれか。

①　ウィスキー　　②　清酒　　③　焼酎
④　ビール　　⑤　ワイン

□
□ **問19**　キモシンの説明として**誤っている**のはどれか。

①　プロテアーゼの一種である。
②　仔牛の胃内から発見された。
③　カゼインを凝固する作用がある。
④　pH10～11で最も活性が高い。
⑤　チーズ製造に使用する。

【正解】　問14 ⑤　問15 ②　問16 ②　問17 ①　問18 ⑤　問19 ④

□□ **問20** ペニシリンの作用により合成が阻害されるのはどれか。

① RNA　② 細胞壁　③ 細胞膜　④ DNA　⑤ リボソーム

□□ **問21** 発酵によるクエン酸の工業生産に関わるのはどれか。

① アオカビ　② アカパンカビ　③ クモノスカビ
④ クロコウジカビ　⑤ ケカビ

□□ **問22** パスツーリゼーションの説明として**誤っている**のはどれか。

① 60 ～ 65℃で加熱する。
② 30 分以上加熱する。
③ 殺菌法の一つである。
④ 食品の風味を残すことができる。
⑤ 微生物を完全に死滅させる。

□□ **問23** 食品の pH 低下を利用した保存法はどれか。

① 塩蔵　② 燻煙法　③ 酢漬け　④ 糖蔵　⑤ レトルト法

□□ **問24** BOD について**誤っている**のはどれか。

① 生物化学的酸素要求量のことである。
② 20℃で 5 日間培養した後で測定する。
③ 微生物が消費する酸素量を測定する。
④ 排水中に含まれる有機物の全量を測定することができる。
⑤ 値が大きいほど有機物による汚染度が高い。

□□ **問25** 活性汚泥法について**誤っている**のはどれか。

① 有機排水の処理法である。
② 好気性微生物と原生動物が処理にかかわる。
③ 嫌気的処理法より高濃度の有機排水処理に適している。
④ 嫌気的処理法より処理速度が速い。
⑤ 嫌気的処理法より余剰汚泥の発生が多い。

□□ **問26** 窒素固定菌を含むのはどれか。

a. アゾトバクター　b. クロストリジウム　c. スタフィロコッカス
d. チオバチルス　e. ニトロソモナス

① a，b　② a，e　③ b，c　④ c，d　⑤ d，e

【正解】 問 20 ②　問 21 ④　問 22 ⑤　問 23 ③　問 24 ④　問 25 ③　問 26 ①

□
□ **問27** グラム染色の操作手順を以下に示した。ルゴール液処理が入るのはどこか。

操作A　菌体をスライドガラスに塗抹する。
操作B　塗抹した菌体を火炎中で固定する。
操作C　クリスタルバイオレット染色液で染色する。
操作D　アルコールで脱色する。
操作E　サフラニン染色液で染色する。

操作A→（①）→操作B→（②）→操作C→（③）→操作D→（④）→操作E→（⑤）

□
□ **問28** 平板培養している枯草菌を釣菌してグラム染色すると、一部の菌体内部に染色されない楕円形の部分が観察された。これを何というか。

① エンベロープ　② 芽胞　③ 莢膜
④ ミトコンドリア　⑤ リポ多糖

□
□ **問29** 乳酸菌の保存を目的として高層培地に菌体を接種する際に使用するのはどれか。

① スプレッダー　② 白金鉤　③ 白金耳
④ 白金線　⑤ 滅菌綿棒

□
□ **問30** エイムス試験について正しいのはどれか。

① カブトガニの血液の凝固を検出する。
② サルモネラ菌の栄養要求変異株の復帰突然変異を検出する。
③ 抗生物質の最小生育阻止濃度を検出する。
④ 検体希釈液に培地を加えて培養し、ガス発生の有無を検出する。
⑤ 塩基二量体の光回復による修復を検出する。

【正解】 問27 ③　問28 ②　問29 ④　問30 ②

出題問題

分子生物学

□□ **問31** DNAをもつ細胞小器官はどれか。

a. ゴルジ体　b. 小胞体　c. ミトコンドリア
d. 葉緑体　e. リボソーム

① a, b　② a, e　③ b, c　④ c, d　⑤ d, e

□□ **問32** ハーシーとチェイスは、T2ファージのDNAとタンパク質を放射性同位元素で標識して実験を行い、遺伝子の本体がDNAであることを証明した。このとき使用したのはどれか。

a. ^{3}H　b. ^{14}C　c. ^{15}N　d. ^{32}P　e. ^{35}S

① a, b　② a, e　③ b, c　④ c, d　⑤ d, e

□□ **問33** エンドウの種子では［丸］と［しわ］は対立形質である。遺伝子型がAAの［丸］と、遺伝子型がaaの［しわ］をかけ合わせると、F_1世代はすべて［丸］になった。このF_1世代をかけ合わせた時の、F_2世代の遺伝子型と表現型の比はどれか。

	AA：Aa：aa	［丸］：［しわ］
①	1：1：2	1：1
②	1：2：1	3：1
③	1：2：1	1：3
④	2：1：1	1：1
⑤	2：1：1	3：1

□□ **問34** ヒトの染色体の構造について**誤っている**のはどれか。

① 細胞分裂の間期に観察される。
② 長腕と短腕の交差する部分をセントロメアという。
③ セントロメアは染色体の分配に関与する。
④ テロメアは染色体の末端部分に存在する。
⑤ テロメアは反復配列を含む。

2022年12月 午後

【正解】 問31 ④　問32 ⑤　問33 ②　問34 ①

□
□ **問35** ヌクレオソームの構成成分はどれか。

a.　RNA　　b.　キサンチン　　c.　DNA
d.　ヒストン　　e.　フェレドキシン

①　a，b　②　a，e　③　b，c　④　c，d　⑤　d，e

□
□ **問36** 文中の（A）、（B）、（C）に入る数値はどれか。

二本鎖DNAに含まれるシトシンの割合が24％のとき、アデニンは（A）％、グアニンは（B）％、チミンは（C）％の割合で含まれている。

	（A）	（B）	（C）
①	24	26	26
②	24	24	26
③	26	26	24
④	26	24	24
⑤	26	24	26

□
□ **問37** 精製したゲノムDNA溶液の極大吸収波長（nm）はどれか。

①　220　②　240　③　260　④　280　⑤　300

□
□ **問38** T_m について**誤っている**のはどれか。

a.　二本鎖DNAの50％が一本鎖になる温度である。
b.　同じ長さのDNAの場合、GC含量が多いほど高い。
c.　T_m より低い温度では、高い温度より吸光度が大きい。
d.　T_m より高い温度では、一本鎖DNAより二本鎖DNAの割合が大きい。
e.　PCRにおいて、アニーリング温度の設定に関係する。

①　a，b　②　a，e　③　b，c　④　c，d　⑤　d，e

□
□ **問39** プロモーターに結合するのはどれか。

①　RNAポリメラーゼ　②　転写終結因子　③　プライマーRNA
④　リプレッサー　⑤　リボソーム

□
□ **問40** 点突然変異が生じてもアミノ酸置換が**生じない**のはどれか。

①　サイレント変異　②　サプレッサー変異　③　ナンセンス変異
④　フレームシフト変異　⑤　ミスセンス変異

【正解】 問35 ④　問36 ⑤　問37 ③　問38 ④　問39 ①　問40 ①

□
□ **問41** チミンダイマーが生じる原因となるのはどれか。

① アクリジン色素　② 亜硝酸　③ アルキル化剤
④ 紫外線　⑤ 電離放射線

□
□ **問42** 互いに前駆体と成熟体の関係にあるのはどれか。

a. hnRNA　b. mRNA　c. rRNA　d. snRNA　e. tRNA
① a, b　② a, e　③ b, c　④ c, d　⑤ d, e

□
□ **問43** RNA のプロセシングに**関係ない**のはどれか。

a. アセチル基の付加　b. イントロンの除去　c. キャップ構造の付加
d. ポリ（A）鎖の付加　e. ホルミル基の除去
① a, b　② a, e　③ b, c　④ c, d　⑤ d, e

□
□ **問44** ベクターに必要な要素として**誤っている**のはどれか。

a. 逆転写酵素遺伝子　b. クロマチン　c. 制限酵素切断部位
d. 選択マーカー遺伝子　e. 複製開始点
① a, b　② a, e　③ b, c　④ c, d　⑤ d, e

□
□ **問45** 染色体 DNA とは別に存在し、自律複製して細胞分裂後の娘細胞に伝達される DNA 分子はどれか。

① エキソン　② 岡崎フラグメント　③ σ因子
④ シス配列　⑤ プラスミド

□
□ **問46** 制限酵素 *Bam*HI について**誤っている**のはどれか。

① バチルス属から発見された。
② エキソヌクレアーゼである。
③ 6 塩基の配列を認識する。
④ パリンドローム構造を認識する。
⑤ 反応には Mg^{2+} が必須である。

□
□ **問47** 遺伝子の転写について**誤っている**のはどれか。

① 細菌は、1 種類の酵素により転写を行う。
② 真核生物は、少なくとも 3 種類の酵素により転写を行う。
③ 多細胞生物では、組織によって異なる遺伝子が転写される。
④ rRNA は転写産物である。
⑤ 反応開始にプライマーを必要とする。

【正解】 問 41 ④　問 42 ①　問 43 ②　問 44 ①　問 45 ⑤　問 46 ②　問 47 ⑤

□
□ **問48** ラクトースオペロンについて**誤っている**のはどれか。

① *lacZ*、*lacY*、*lacA* の3つの構造遺伝子がコードされている。
② *lacA* はリプレッサーをコードする遺伝子である。
③ ラクトースの誘導体がリプレッサーに結合する。
④ ラクトースが存在しないとき、リプレッサーはオペレーターに結合する。
⑤ ラクトースが存在しないとき、RNA ポリメラーゼの機能が阻害される。

□
□ **問49** 真核生物において、転写開始位置の上流25～35塩基対の位置に存在する共通配列を何というか。

① オペレーター ② ステムループ ③ TATA ボックス
④ 複製フォーク ⑤ レポーター遺伝子

□
□ **問50** 以下の配列をもつ mRNA から1種類のペプチドが合成されるとすると、そのアミノ酸残基数はどれか。

5'-ACAAUGAAAGCAAUUGUACUGAAAGGUUGGCGCACUUCCUGAUGU-3'

① 11 ② 12 ③ 13 ④ 14 ⑤ 15

□
□ **問51** エンハンサーの役割はどれか。

① 複製開始の決定 ② 転写終了の決定 ③ 転写の促進
④ 翻訳開始の決定 ⑤ 翻訳の促進

□
□ **問52** tRNA について正しいのはどれか。

① タンパク質のアミノ酸配列をコードしている。
② 細胞内にもっとも多量に存在する RNA である。
③ 真核細胞の核内で機能する。
④ 触媒活性をもつ RNA である。
⑤ 3′末端にアミノ酸がエステル結合する。

□
□ **問53** コドンについて**誤っている**のはどれか。

① 連続した3つの塩基の配列により、一つのアミノ酸が決まる。
② 一つのアミノ酸に対して、複数のコドンが対応するものがある。
③ コドンとアミノ酸の関係は、生物種に関わらずすべて同一である。
④ メチオニンに対応するコドンは、開始コドンとしても用いられる。
⑤ いずれのアミノ酸にも対応しないコドンがある。

【正解】 問48 ② 問49 ③ 問50 ② 問51 ③ 問52 ⑤ 問53 ③

□□問54 翻訳後修飾に**含まれない**のはどれか。

① エキソンの連結　② ジスルフィド結合の形成
③ タンパク質の部分分解　④ 糖鎖の付加
⑤ リン酸化

□□問55 分子シャペロンについて**誤っている**のはどれか。

① タンパク質の折りたたみを介助する。
② シャペロニンはその一種である。
③ 熱などのストレスにより発現量が減少する。
④ ATPを必要とするものがある。
⑤ 特定の基質にのみ作用するものがある。

□□問56 ハプテンについて**誤っている**のはどれか。

a. 低分子量の化合物である。
b. 抗体と結合できる。
c. 単独で免疫応答を誘導できる。
d. 触媒活性をもつ。
e. ペニシリン系抗菌薬が含まれる。

① a, b　② a, e　③ b, c　④ c, d　⑤ d, e

□□問57 免疫グロブリンについて正しいのはどれか。

a. 可変領域には構造の多様性がある。
b. 6つのクラスがある。
c. 一つの細胞から2種類以上の免疫グロブリン分子が産生される。
d. L鎖はH鎖より大きい。
e. 形質細胞により産生される。

① a, b　② a, e　③ b, c　④ c, d　⑤ d, e

□□問58 マクロファージについて**誤っている**のはどれか。

① 骨髄の幹細胞に由来する。
② 貪食機能をもつ。
③ リソソームで異物を消化する。
④ 抗原提示細胞である。
⑤ 細胞の成熟過程で核が失われる。

【正解】 問54 ① 問55 ③ 問56 ④ 問57 ② 問58 ⑤

□
□ **問59** アレルギー反応に関わるのはどれか。

① IgA　② IgD　③ IgE　④ IgG　⑤ IgM

□
□ **問60** 胸腺で分化成熟する細胞はどれか。

① ES 細胞　② NK 細胞　③ 樹状細胞　④ T 細胞　⑤ B 細胞

【正解】 問 59 ③　問 60 ④

遺伝子工学

□□ **問61** 文中の（A）、（B）、（C）に入る語句はどれか。

環状プラスミドDNAのうち切れ目（ニック）のないものを（A）、切れ目の入ったものを（B）という。環状DNAに対して、線状のものを（C）という。

	（A）	（B）	（C）
①	cccDNA	ocDNA	linear DNA
②	cccDNA	linear DNA	ocDNA
③	ocDNA	cccDNA	linear DNA
④	ocDNA	linear DNA	cccDNA
⑤	linear DNA	ocDNA	cccDNA

□□ **問62** DNAの変性について正しいのはどれか。

① 新しい遺伝形質が生じる。
② 超らせん構造を形成する。
③ 一部の塩基がメチル化される。
④ 二本鎖が一本鎖になる。
⑤ 制限酵素によって切断される。

□□ **問63** パリンドロームの説明で正しいのはどれか。

① 一本鎖RNAの局所的な二重らせん構造部分である。
② DNAの相補鎖上で5′→3′方向に同じ塩基配列が現れる。
③ mRNAの5′末端に存在する特異な構造である。
④ mRNAの3′末端に存在するAMPが重合した構造である。
⑤ 制限酵素切断部位が集まった部分である。

□□ **問64** アルカリホスファターゼの働きはどれか。

① 特定の塩基配列を認識して切断する。
② RNAを鋳型にしてDNAを合成する。
③ 鋳型DNAの塩基配列に従ってDNA鎖の重合を触媒する。
④ リン酸モノエステル結合を加水分解する。
⑤ DNAのホスホジエステル結合を末端から順に加水分解する。

【正解】 問61 ① 問62 ④ 問63 ② 問64 ④

□□ **問65** DNAリガーゼを用いてDNA分子を結合させる反応を何というか。

① クローニング
② スプライシング
③ DNAシークエンシング
④ PCR
⑤ ライゲーション

□□ **問66** オリゴヌクレオチドについて**誤っている**のはどれか。

① 数個から数十個のヌクレオチドが重合したものである。
② 細胞内で自己複製する。
③ 人工的に合成が可能である。
④ サザンハイブリダイゼーションのプローブとして利用する。
⑤ DNAシークエンシングのプライマーとして利用する。

□□ **問67** コロニーの色によって組換え体を検出する際に使用する試薬はどれか。

a. IPTG
b. X-gal
c. クロロホルム
d. 臭化エチジウム
e. リゾチーム

① a, b ② a, e ③ b, c ④ c, d ⑤ d, e

□□ **問68** pUC系ベクターについて正しいのはどれか。

a. 大腸菌を宿主とするファージから作製された。
b. 線状二本鎖DNAである。
c. 両方の5′末端に*cos*部位をもつ。
d. アンピシリン耐性遺伝子をもつ。
e. マルチクローニングサイトをもつ。

① a, b ② a, e ③ b, c ④ c, d ⑤ d, e

□□ **問69** 文中の（A）、（B）、（C）に入る語句はどれか。

DNA断片をクローン化することを目的として開発されたベクターには、クローニング可能なDNAサイズが1 Mbpを超える（A）ベクター、300 kbpまで可能な（B）ベクター、約40 kbpまで可能な（C）ベクターがある。

	（A）	（B）	（C）
①	YAC	BAC	コスミド
②	BAC	YAC	コスミド
③	YAC	コスミド	BAC
④	BAC	コスミド	YAC
⑤	コスミド	BAC	YAC

【正解】 問65 ⑤ 問66 ② 問67 ① 問68 ⑤ 問69 ①

□□ **問70** コンピテントセルについて<u>**誤っている**</u>のはどれか。

① 外来のDNAを取り込めるように処理された細胞である。
② 遺伝子組換え実験に用いられる。
③ 塩化カルシウム法などにより作製する。
④ 主に大腸菌を用いて作製する。
⑤ 細胞膜を溶解した細胞である。

□□ **問71** クレノウ酵素がもつ活性はどれか。

a. 3′→5′エキソヌクレアーゼ
b. 逆転写酵素
c. DNAトポイソメラーゼ
d. DNAヘリカーゼ
e. DNAポリメラーゼ

① a, b　② a, e　③ b, c　④ c, d　⑤ d, e

□□ **問72** ニックトランスレーションについて<u>**誤っている**</u>のはどれか。

① DNaseIで二本鎖DNAに切れ目（ニック）を入れる。
② 切れ目をDNAポリメラーゼＩで修復する。
③ 標識したヌクレオチドを用いる。
④ 新たに合成されたDNAが標識される。
⑤ ランダムオリゴヌクレオチドをプライマーとして利用する。

□□ **問73** ddNTPについて正しいのはどれか。

① 塩基はA、U、G、Cの4種類である。
② 転写反応に用いられる。
③ 糖としてリボースをもつ。
④ 3′位に水酸基をもつ。
⑤ トリリン酸をもつ。

□□ **問74** 生体試料からDNAを抽出する際に用いる試薬はどれか。

a. EDTA　b. 塩化カルシウム　c. カタラーゼ
d. デキストラン　e. プロテイナーゼK

① a, b　② a, e　③ b, c　④ c, d　⑤ d, e

【正解】 問70 ⑤　問71 ②　問72 ⑤　問73 ⑤　問74 ②

□
□ **問75** 大腸菌から全DNAを調製するため、フェノール・クロロホルム抽出を行った。水層と有機層の境界部分に集まるのはどれか。

① RNA　② カルシウム　③ 脂質
④ タンパク質　⑤ 糖質

□
□ **問76** RNAの抽出実験において、DEPC処理水を使用する目的はどれか。

① RNaseを失活させるため
② RNAを可溶化するため
③ DNAを分解除去するため
④ タンパク質分解酵素を失活させるため
⑤ 抽出液のpHを酸性にするため

□
□ **問77** PCR反応に**使用しない**のはどれか。

① 鋳型DNA　② 制限酵素
③ 耐熱性DNAポリメラーゼ　④ dNTP
⑤ プライマー

□
□ **問78** ウェスタンブロット法の説明はどれか。

① 標識したDNA断片をプローブとして、相補的なDNA配列を検出する。
② 細胞内のmRNAの分布をプローブによって検出する。
③ レポーター遺伝子を用いて形質転換体を検出する。
④ SDS-PAGEにより分離したタンパク質を抗体によって検出する。
⑤ PCRによるDNAの増幅量を定量する。

□
□ **問79** 文中の（A）、（B）、（C）に入る語句はどれか。

DNAは緩衝液（pH8.0）中で（A）が（B）の電荷をもつため、電気泳動により（C）極側に移動する。

	（A）	（B）	（C）
①	塩基	プラス	マイナス
②	塩基	マイナス	プラス
③	リン酸	プラス	マイナス
④	リン酸	マイナス	プラス
⑤	糖	プラス	マイナス

【正解】 問75 ④　問76 ①　問77 ②　問78 ④　問79 ④

□
□ **問80** RNAを電気泳動で分離後、膜に転写して目的配列を検出する方法はどれか。

① *in situ* ハイブリダイゼーション
② コロニーハイブリダイゼーション
③ サザンハイブリダイゼーション
④ ノーザンハイブリダイゼーション
⑤ プラークハイブリダイゼーション

□
□ **問81** モノクローナル抗体を作製する際に脾臓細胞と融合させるのはどれか。

① 幹細胞　② ハイブリドーマ　③ プラズマ細胞
④ マクロファージ　⑤ ミエローマ

□
□ **問82** モノクローナル抗体産生細胞を選別する際に使用する試薬はどれか。

a. アミノプテリン　b. チミジン
c. ヒポキサンチン　d. ポリエチレングリコール
e. ラクトース

① a, b, c　② a, b, e　③ a, d, e　④ b, c, d　⑤ c, d, e

□
□ **問83** 未受精卵に精子を注入する際に使用するのはどれか。

① エレクトロポレーション法
② パーティクルガン法
③ マイクロインジェクション法
④ リポフェクション法
⑤ リン酸カルシウム法

□
□ **問84** ヌードマウスについて正しいのはどれか。

a. 異種の移植片に対する拒絶反応を示さない。
b. 胸腺の機能が著しく低下している。
c. 体毛が欠如している。
d. 受精卵に特定の遺伝子を導入して作製する。
e. 遺伝子型の異なる細胞が1個体中に混在している。

① a, b, c　② a, b, e　③ a, d, e　④ b, c, d　⑤ c, d, e

【正解】 問80 ④　問81 ⑤　問82 ①　問83 ③　問84 ①

□
□ **問85** ES細胞について**誤っている**のはどれか。

① 胚性幹細胞ともいう。
② 胚盤胞の内部細胞塊から作製する。
③ 遺伝子組換えにより初期化した細胞である。
④ 分化多能性をもつ。
⑤ 受精卵を使うために倫理的な問題が生じる。

□
□ **問86** 植物細胞をプロトプラストにするときに使用する酵素はどれか。

a. アミラーゼ　b. セルラーゼ　c. ペクチナーゼ
d. ペプシン　e. リゾチーム

① a, b　② a, e　③ b, c　④ c, d　⑤ d, e

□
□ **問87** 植物プロトプラストの融合に用いるのはどれか。

① センダイウイルス　② トリプシン
③ ポリエチレングリコール　④ マイトマイシン
⑤ リン酸カルシウム

□
□ **問88** 半数体植物の作製に用いるのはどれか。

a. 花粉培養　b. カルス培養　c. 茎頂培養
d. 胚培養　e. 葯培養

① a, b　② a, e　③ b, c　④ c, d　⑤ d, e

□
□ **問89** 植物の頂芽優勢に関係する植物ホルモンはどれか。

① アブシシン酸　② エチレン　③ オーキシン
④ サイトカイニン　⑤ ジベレリン

□
□ **問90** Tiプラスミドについて**誤っている**のはどれか。

① クラウンゴールを形成する。
② 土壌細菌がもつプラスミドである。
③ 抗生物質耐性遺伝子をもつ。
④ T-DNAが植物細胞内に導入される。
⑤ バイナリーベクターとして利用する。

【正解】 問85 ③　問86 ③　問87 ③　問88 ②　問89 ③　問90 ③

バイオテクノロジー総論

□□ **問1** ランベルト・ベールの法則を示す式はどれか。

① $A = \varepsilon cl$　② $E = mc^2$　③ $F = ma$
④ $F = mr\omega^2$　⑤ $PV = nRT$

□□ **問2** 物質Aの既知濃度水溶液の吸光度を測定したところ、以下の表の値となった。物質Aの未知濃度試料の吸光度が0.42のとき、この試料の濃度（mg/L）はいくらか。

試料濃度（mg/L）	2	5	10	20
吸　光　度	0.06	0.15	0.30	0.60

① 11　② 12　③ 13　④ 14　⑤ 15

□□ **問3** HPLCについて**誤っている**のはどれか。

① 移動相は液体である。
② 高圧送液ポンプにより分析時間が短縮できる。
③ カラム温度が高いほど成分を明瞭に分離できる。
④ 保持時間から試料に含まれる物質の推定ができる。
⑤ ピーク面積から試料に含まれる物質の定量ができる。

□□ **問4** ガスクロマトグラフの検出器はどれか。

a. 蛍光（FL）検出器　b. 紫外可視分光（UV/Vis）検出器
c. 示差屈折率（RI）検出器　d. 水素炎イオン化検出器（FID）
e. 熱伝導度検出器（TCD）

① a, b　② a, e　③ b, c　④ c, d　⑤ d, e

□□ **問5** 電気泳動法について**誤っている**のはどれか。

a. 電荷をもった粒子が電場の中を移動する。
b. SDS-PAGEでは、タンパク質は陽極に向かって移動する。
c. 泳動後のゲルの染色にはBPBを用いる。
d. 他の条件が同じなら、ゲル濃度が高いほど移動距離は大きくなる。
e. ポリアクリルアミドゲル電気泳動は、低分子量の核酸の分離に適している。

① a, b　② a, e　③ b, c　④ c, d　⑤ d, e

【正解】 問1 ①　問2 ④　問3 ③　問4 ⑤　問5 ④

□
□ **問6** スイングローターについての説明で**誤っている**のはどれか。

a. 遠心管と回転軸の角度は、常に固定されている。
b. 沈殿は、底の側面にできる。
c. 回転軸に対称となるように遠心管を配置する。
d. 密度勾配遠心に用いられる。
e. 細胞小器官の分離に適している。

① a, b　② a, e　③ b, c　④ c, d　⑤ d, e

□
□ **問7** クリーンベンチの説明で**誤っている**のはどれか。

a. 装置内部は陽圧である。
b. HEPA フィルターでろ過した空気が庫内に流入する。
c. 装置内部の殺菌に紫外線ランプを使用する。
d. 開口部をできるだけ広く開けて作業を行う。
e. 安全キャビネットの代用ができる。

① a, b　② a, e　③ b, c　④ c, d　⑤ d, e

□
□ **問8** 顕微鏡の種類と観察対象について**誤っている**組合せはどれか。

① 生物顕微鏡 ――― 生体組織の薄切切片
② 位相差顕微鏡 ――― 培養中の動物細胞
③ 実体顕微鏡 ――― 植物の茎頂組織
④ 走査型電子顕微鏡 ――― 細胞表面の微細構造
⑤ 透過型電子顕微鏡 ――― 蛍光色素で標識した組織切片

□
□ **問9** マイクロピペッターについて**誤っている**のはどれか。

a. ダイヤルの数値をゆっくり下げながら、分取する液量を設定する。
b. 種類により計量できる範囲が定まっている。
c. 揮発性の高い溶液の計量に適している。
d. チップ先端を本体より高くして漏出を防止する。
e. 粘性の高い溶液を扱う場合はゆっくり操作する。

① a, b　② a, e　③ b, c　④ c, d　⑤ d, e

□
□ **問10** DNA が二重らせん構造であることを示唆するデータを提供したのはどれか。

① HPLC　② X 線回折装置　③ 蛍光顕微鏡
④ 原子吸光光度計　⑤ 質量分析計

【正解】 問6 ①　問7 ⑤　問8 ⑤　問9 ④　問10 ②

□
□ **問11** 訳語の**誤っている**組合せはどれか。

① absorbance ——— 吸光度
② concentration ——— 濃度
③ density ——— 沈殿
④ stirring ——— 撹拌
⑤ suspension ——— 懸濁

□
□ **問12** 培養容器として**使用しない**のはどれか。

① dish ② flask ③ plate ④ test tube ⑤ tip

□
□ **問13** 吸引ろ過をする際に使用するのはどれか。

① aspirator ② autoclave ③ incubator
④ microscope ⑤ shaker

□
□ **問14** メチオニンに含まれるのはどれか。

① calcium ② copper ③ iron
④ magnesium ⑤ sulfur

□
□ **問15** nucleotide から phosphoric acid を除去したのはどれか。

① base ② deoxyribose ③ lactic acid
④ nucleoside ⑤ ribose

□
□ **問16** *in vivo* の意味はどれか。

① 新たな ② 生体外の ③ 生体内の
④ 別の場での ⑤ 元の場での

□
□ **問17** 単語とその意味として正しい組合せはどれか。

a. transcription ——— 形質転換
b. transduction ——— 形質導入
c. transferase ——— 転移酵素
d. transformation ——— 転写
e. translation ——— 複製

① a，b ② a，e ③ b，c ④ c，d ⑤ d，e

2021年12月 午前

【正解】 問11 ③ 問12 ⑤ 問13 ① 問14 ⑤ 問15 ④ 問16 ③ 問17 ③

□
□ **問18** 免疫担当細胞はどれか。

a.　bacteriophage　　b.　embryonic stem cell　　c.　lymphocyte
d.　macrophage　　e.　protoplast

①　a，b　　②　a，e　　③　b，c　　④　c，d　　⑤　d，e

□
□ **問19** 接頭語・接尾語とその意味で<u>誤っている</u>組合せはどれか。

a.　anti- ――― 前
b.　-ase ――― 酸
c.　co- ――― 共同
d.　cyto- ――― 細胞
e.　-ose ――― 糖

①　a，b　　②　a，e　　③　b，c　　④　c，d　　⑤　d，e

□
□ **問20** 英文とその訳で<u>誤っている</u>のはどれか。

①　Weight 0.9 g of salt was dissolved in 100 g of water to prepare a saline solution.
0.9 g の塩を計り取り、100 g の水に溶かして生理食塩水を調製した。

②　After adjusting the pH to 6.0 by adding a 0.1 mol/L hydrochloric acid solution, 10 mL of each was dispensed into five test tubes and sterilized by autoclave.
0.1 mol/L の酢酸溶液を加えて pH を 6.0 に合わせ、オートクレーブ滅菌した 5 本の試験管に 10 mL ずつ分注した。

③　The isolated bacteria were placed therein and stirred well with a mixer to wash the bacterial cells.
分離した細菌をその中に入れてミキサーでよく撹拌し、細胞を洗浄した。

④　After centrifugation, the supernatant was discarded.
遠心分離後、上清を廃棄した。

⑤　This operation was repeated three times to obtain washed cells.
この操作を 3 回繰り返して洗浄細胞を得た。

【正解】 問 18 ④　問 19 ①　問 20 ②

□
□ **問21** カルタヘナ議定書について**誤っている**のはどれか。

a. 生物多様性への悪影響を未然に防止することを目的とする。
b. 遺伝子組換え生物（LMO）の国境を越える移動に関する取り決めである。
c. 議定書を的確かつ円滑に実施するため、各国で法律が制定された。
d. 日本の国内法の主務大臣は、文部科学大臣のみである。
e. ヒト培養細胞は、遺伝子組換え生物（LMO）に含まれる。

① a, b　② a, e　③ b, c　④ c, d　⑤ d, e

□
□ **問22** 遺伝子組換え実験室について**誤っている**組合せはどれか。

① P1 レベル ――― 通常の生物実験室の構造と設備をもつ。
② P1 レベル ――― オートクレーブの設置が必須である。
③ P2 レベル ――― 安全キャビネットの設置が必須である。
④ P2 レベル ――― 実験室の入り口に「P2 レベル実験中」と表示する。
⑤ P3 レベル ――― 出入口に前室の設置が必須である。

□
□ **問23** 遺伝子組換え実験における第二種使用等にあたるのはどれか。

a. 遺伝子組換え植物の閉鎖温室での栽培
b. 遺伝子組換え動物の実験動物施設での飼育
c. 遺伝子組換え微生物を用いた海洋汚染の処理
d. 遺伝子組換えウイルスを用いた遺伝子治療
e. 遺伝子組換え生ワクチンの野生動物への接種

① a, b　② a, e　③ b, c　④ c, d　⑤ d, e

□
□ **問24** オートクレーブについて**誤っている**のはどれか。

① 一般に 121℃、15 ～ 20 分間の加熱を行う。
② 処理温度は乾熱滅菌より低い。
③ ビタミン含有溶液の滅菌に適している。
④ 設定温度に達すると、内部は水蒸気で飽和している。
⑤ 芽胞の滅菌が可能である。

【正解】 問 21 ⑤　問 22 ②　問 23 ①　問 24 ③

□□ **問25** 殺菌・滅菌法とその対象物として**誤っている**組合せはどれか。

① 火炎滅菌 ―― 白金耳
② ガス滅菌 ―― 血清培地
③ 乾熱滅菌 ―― 駒込ピペット
④ 放射線滅菌 ―― プラスチックシャーレ
⑤ 薬液殺菌 ―― 実験台

□□ **問26** γ線について**誤っている**のはどれか。

a. 電子または陽電子からなる電子線である。
b. 厚さ1 cmのアクリル板で遮蔽ができる。
c. ^{60}Coから放出される。
d. DNAに損傷を与える。
e. 医療分野においても利用されている。

① a, b　② a, e　③ b, c　④ c, d　⑤ d, e

□□ **問27** ヨウ素の放射性同位体がヒトの体内に取り込まれたときに特異的に集積するのはどこか。

① 肝臓　② 甲状腺　③ 胆のう　④ 脳下垂体　⑤ 脾臓

□□ **問28** 紫外線について**誤っている**のはどれか。

① 波長が1～400 nm程度の電磁波である。
② DNAの変異を誘発する。
③ オゾン層は地表に到達する紫外線量を減少させる。
④ 照射すると人体の臓器内部まで到達する。
⑤ 保護メガネを使用して目を保護する。

□□ **問29** 変異原物質はどれか。

a. エタノール　b. エチジウムブロミド　c. ニトロソグアニジン
d. ヒアルロン酸　e. ヘパリン

① a, b　② a, e　③ b, c　④ c, d　⑤ d, e

□□ **問30** 地球温暖化の原因となるガスとして**誤っている**のはどれか。

① 水蒸気　② 窒素　③ 二酸化炭素
④ フロン　⑤ メタン

【正解】 問25 ②　問26 ①　問27 ②　問28 ④　問29 ③　問30 ②

出題問題

生化学

□□ **問31** 二重の脂質二重層膜をもつ細胞小器官はどれか。

a. 小胞体　b. ゴルジ体　c. ミトコンドリア
d. 葉緑体　e. リボソーム

① a, b　② a, e　③ b, c　④ c, d　⑤ d, e

□□ **問32** 嫌気状態でATPを生成する代謝経路はどれか。

a. アルコール発酵　b. 解糖系　c. クエン酸回路
d. 酸化的リン酸化　e. β酸化

① a, b　② a, e　③ b, c　④ c, d　⑤ d, e

□□ **問33** 10 mmol/L HCl溶液のpHの値はどれに近いか。

① 1　② 2　③ 3　④ 4　⑤ 5

□□ **問34** コロイドについて**誤っている**のはどれか。

① タンパク質などの粒子が分散媒中に均一に分散している。
② コロイド粒子の大きさは1～100 nmである。
③ 牛乳はコロイド溶液である。
④ エアロゾルはコロイドの一種である。
⑤ コロイド粒子はろ紙でろ過して分離することができる。

□□ **問35** 真核細胞における酸化的リン酸化について正しいのはどれか。

a. 細胞質における反応である。
b. TCA回路ともいう。
c. NAD^+を還元する。
d. ATPを生成する。
e. H_2Oを生成する。

① a, b　② a, e　③ b, c　④ c, d　⑤ d, e

□□ **問36** グルコースとフルクトースが結合した二糖類はどれか。

① アミロース　② スクロース　③ マルトース
④ マンノース　⑤ ラクトース

【正解】 問31 ④　問32 ①　問33 ②　問34 ⑤　問35 ⑤　問36 ②

□
□ **問37** 三炭糖はどれか。

① ガラクトース　② キシロース　③ グルコース
④ ジヒドロキシアセトン　⑤ リボース

□
□ **問38** 糖の説明について正しいのはどれか。

① ラクトースは還元糖である。
② セルロースはスクロースが重合したものである。
③ トリオースはカルボキシ基をもつ。
④ デオキシリボースはATPに含まれる。
⑤ アミロペクチンは$\beta 1 \rightarrow 4$グリコシド結合を含む。

□
□ **問39** 1分子のピルビン酸がCO_2とH_2Oに完全分解されるとき、CO_2は何分子できるか。

① 1　② 2　③ 3　④ 4　⑤ 6

□
□ **問40** 成人の必須アミノ酸<u>でない</u>のはどれか。

① Gly　② Lys　③ Met　④ Phe　⑤ Thr

□
□ **問41** 二つのアミノ酸が重合してペプチド結合が形成されるとき、同時に生成するのはどれか。

① CO　② CO_2　③ H_2　④ H_2O　⑤ NH_3

□
□ **問42** 毛髪などに含まれる繊維状タンパク質はどれか。

① アクチン　② アルブミン　③ グロブリン
④ ケラチン　⑤ ヒストン

□
□ **問43** 尿素回路の中間物質はどれか。

a. アスコルビン酸　b. アルギニン　c. オルニチン
d. システイン　e. レシチン

① a, b　② a, e　③ b, c　④ c, d　⑤ d, e

【正解】 問37 ④　問38 ①　問39 ③　問40 ①　問41 ④　問42 ④　問43 ③

□
□ **問44** リン脂質について<u>**誤っている**</u>のはどれか。

① 細胞膜の主成分である。
② 複合脂質の一つである。
③ 親水性部にリン酸を含む。
④ 疎水性部にグリセロールを含む。
⑤ 中性付近では電離して負電荷をもつ。

□
□ **問45** 飽和脂肪酸はどれか。

① アラキドン酸　② オレイン酸　③ ステアリン酸
④ リノール酸　⑤ リノレン酸

□
□ **問46** 1分子のパルミチン酸（炭素数16）がβ酸化により分解されるとき、最終的に生じるアセチルCoAは何分子か。

① 2　② 4　③ 8　④ 16　⑤ 24

□
□ **問47** β酸化の反応が行われるのはどれか。

① 液胞　② ゴルジ体　③ 粗面小胞体
④ ミトコンドリア　⑤ リソソーム

□
□ **問48** ピリミジン塩基について<u>**誤っている**</u>のはどれか。

① 窒素原子を含む。
② 環状の分子構造をもつ。
③ 共役二重結合をもつ。
④ 紫外線を吸収する。
⑤ ATPに含まれる。

□
□ **問49** ヌクレオシドを構成する成分はどれか。

a. アミノ酸　b. 塩基　c. 五炭糖　d. 脂肪酸　e. リン酸
① a，b　② a，e　③ b，c　④ c，d　⑤ d，e

【正解】 問44 ④　問45 ③　問46 ③　問47 ④　問48 ⑤　問49 ③

□
□ **問50** 加水分解酵素に分類されるのはどれか。

a. アミラーゼ
b. カタラーゼ
c. グルコースイソメラーゼ
d. DNAポリメラーゼ
e. プロテアーゼ

① a, b　② a, e　③ b, c　④ c, d　⑤ d, e

□
□ **問51** 活性に補助因子を必要とする酵素から補助因子を**除いた**ものを何というか。

① アイソザイム　② アポ酵素　③ 補酵素
④ ホロ酵素　⑤ リボザイム

□
□ **問52** ミカエリス・メンテンの式はどれか。ただし、vは反応速度、V_{max}は最大反応速度、K_{m}はミカエリス定数、[S]は基質濃度とする。

① $v=\dfrac{V_{\mathrm{max}}}{K_{\mathrm{m}}[\mathrm{S}]}$　② $v=\dfrac{V_{\mathrm{max}}+[\mathrm{S}]}{K_{\mathrm{m}}[\mathrm{S}]}$　③ $v=\dfrac{V_{\mathrm{max}}[\mathrm{S}]}{K_{\mathrm{m}}+[\mathrm{S}]}$

④ $v=\dfrac{V_{\mathrm{max}}K_{\mathrm{m}}}{K_{\mathrm{m}}+[\mathrm{S}]}$　⑤ $v=\dfrac{[\mathrm{S}]}{K_{\mathrm{m}}+[\mathrm{S}]}$

□
□ **問53** ビタミンとその化学名で**誤っている**組合せはどれか。

① ビタミンB_1 ――― ニコチン酸
② ビタミンB_6 ――― ピリドキシン
③ ビタミンB_{12} ――― コバラミン
④ ビタミンC ――― アスコルビン酸
⑤ ビタミンD ――― カルシフェロール

□
□ **問54** ビタミンとその欠乏症として**誤っている**組合せはどれか。

① ビタミンA ――― 夜盲症
② ビタミンB_1 ――― 脚気
③ ビタミンC ――― 壊血病
④ ビタミンD ――― くる病
⑤ ビタミンK ――― 貧血

【正解】 問50 ② 問51 ② 問52 ③ 問53 ① 問54 ⑤

□
□ **問55** ステロイドホルモンはどれか。

① インスリン　② エストロゲン　③ グルカゴン
④ 成長ホルモン　⑤ チロキシン

□
□ **問56** 副腎髄質から分泌されるホルモンはどれか。

① アドレナリン　② インスリン　③ エストロゲン
④ グルカゴン　⑤ コルチゾール

□
□ **問57** 細胞外液でもっとも多いのはどれか。

① Ca^{2+}　② Cl^{-}　③ K^{+}　④ Mg^{2+}　⑤ Na^{+}

□
□ **問58** 分子内に Mg を含むのはどれか。

① カロテン　② クロロフィル　③ コバラミン
④ シトクロム　⑤ ヘモグロビン

□
□ **問59** 光合成反応に関わる色素として<u>**誤っている**</u>のはどれか。

a. カロテン　b. キサントフィル　c. クロロフィル
d. ケラチン　e. ヒスタミン

① a，b　② a，e　③ b，c　④ c，d　⑤ d，e

□
□ **問60** 光合成反応について<u>**誤っている**</u>組合せはどれか。

① 明反応 ―― 葉緑体のストロマで行われる。
② 明反応 ―― NADPH と ATP が生成する。
③ 明反応 ―― 水を分解して酸素が発生する。
④ 暗反応 ―― カルビン回路の反応が行われる。
⑤ 暗反応 ―― 二酸化炭素から糖を生成する。

【正解】 問 55 ②　問 56 ①　問 57 ⑤　問 58 ②　問 59 ⑤　問 60 ①

微生物学

□□ **問1** 真核生物はどれか。

a. シュードモナス　b. 接合菌　c. 担子菌
d. 放線菌　e. リケッチア

① a, b　② a, e　③ b, c　④ c, d　⑤ d, e

□□ **問2** 大腸菌の特徴はどれか。

a. グラム陽性菌である。
b. 桿菌である。
c. 乳糖分解能をもつ。
d. 好気性菌である。
e. 内生胞子を形成する。

① a, b　② a, e　③ b, c　④ c, d　⑤ d, e

□□ **問3** 細菌胞子の特徴はどれか。

a. 定常期以降に形成する。
b. 酸やアルカリに耐性を示す。
c. 含水量が高い。
d. 生理活性が高い。
e. グラム染色により紫色に染色される。

① a, b　② a, e　③ b, c　④ c, d　⑤ d, e

□□ **問4** 化学合成独立栄養細菌はどれか。

a. 亜硝酸菌　b. 硫黄酸化細菌　c. 光合成細菌
d. 根粒菌　e. 乳酸菌

① a, b　② a, e　③ b, c　④ c, d　⑤ d, e

□□ **問5** 能動輸送について**誤っている**のはどれか。

① 受動輸送の逆向きの移動である。
② 細胞膜を通過して移動する。
③ K^+を細胞外に出し、Na^+を細胞内に取り込む反応がある。
④ 細胞膜に存在するタンパク質が関与する。
⑤ エネルギーが必要である。

【正解】 問1③　問2③　問3①　問4①　問5③

□□ **問6** 細菌の細胞壁について<u>**誤っている**</u>のはどれか。

① 多糖類でできた網目構造をもつ。
② リン脂質を成分にもつ。
③ リゾチームで分解される。
④ グラム陽性菌の方がグラム陰性菌より厚い。
⑤ 合成を阻害する抗生物質がある。

□□ **問7** グラム陰性菌にのみ存在するのはどれか。

a. 外膜　b. 莢膜　c. 細胞膜
d. ペプチドグリカン　e. ペリプラズム

① a，b　② a，e　③ b，c　④ c，d　⑤ d，e

□□ **問8** 内毒素はどれか。

① ウイロイド　② LPS　③ デキストラン
④ パーミアーゼ　⑤ フラジェリン

□□ **問9** シアノバクテリアについて正しいのはどれか。

a. 酸素発生型光合成を行う。
b. グラム陽性菌である。
c. 従属栄養生物である。
d. 出芽で増殖する。
e. 窒素固定を行うものがある。

① a，b　② a，e　③ b，c　④ c，d　⑤ d，e

□□ **問10** ホモ型乳酸発酵には、ATPを生成する反応と消費する反応が含まれている。生成する反応では、グルコース1モルあたり何モルのATPができるか。

① 1　② 2　③ 3　④ 4　⑤ 6

□□ **問11** 分子状窒素を固定する微生物はどれか。

a. *Azotobacter*　b. *Bacillus*　c. *Escherichia*
d. *Lactobacillus*　e. *Rhizobium*

① a，b　② a，e　③ b，c　④ c，d　⑤ d，e

【正解】 問6 ②　問7 ②　問8 ②　問9 ②　問10 ④　問11 ②

□
□ **問12**　ビルレントファージについて正しいのはどれか。

a.　宿主は細菌である。
b.　溶菌感染する。
c.　細菌を溶原化する。
d.　プロファージになる。
e.　遺伝子を宿主染色体に組み込む。

①　a，b　　②　a，e　　③　b，c　　④　c，d　　⑤　d，e

□
□ **問13**　過酸化水素を分解する酵素はどれか。

①　アミラーゼ　　②　ウレアーゼ　　③　カタラーゼ
④　セルラーゼ　　⑤　リパーゼ

□
□ **問14**　対数期にある大腸菌の菌数が2時間で50から800になったとすると、世代時間はどれか。

①　10分　　②　20分　　③　30分　　④　40分　　⑤　60分

□
□ **問15**　形質導入の説明として正しいのはどれか。

①　細胞融合によって遺伝子を導入する。
②　プラスミドDNAによって遺伝子を導入する。
③　ファージによって遺伝子を導入する。
④　細胞外のDNAを直接細胞内に導入する。
⑤　トランスポゾンによって遺伝子を導入する。

□
□ **問16**　突然変異を誘発するのはどれか。

a.　エイムス試験
b.　オートクレーブ処理
c.　γ線照射
d.　ニトロソグアニジン処理
e.　レプリカ法

①　a，b　　②　a，e　　③　b，c　　④　c，d　　⑤　d，e

【正解】　問12 ①　問13 ③　問14 ③　問15 ③　問16 ④

□
□ **問17** チミンダイマーについて**誤っている**のはどれか。

① 紫外線照射により生じる。
② DNA上の隣接する二つのチミンが共有結合する。
③ DNAの複製が阻害される。
④ フレームシフト変異が生じる。
⑤ 可視光線と光回復酵素により修復される。

□
□ **問18** 酢酸を発酵により生産するときに使用するのはどれか。

① *Acetobacter*　② *Aspergillus*　③ *Bacillus*
④ *Lactobacillus*　⑤ *Saccharomyces*

□
□ **問19** ビール製造時の糖化に利用するのはどれか。

① アミラーゼ　② アルカリホスファターゼ
③ トリプシン　④ ペルオキシダーゼ
⑤ リパーゼ

□
□ **問20** 細菌の細胞壁合成を阻害するのはどれか。

① アクチノマイシン　② カナマイシン
③ クロラムフェニコール　④ ストレプトマイシン
⑤ ペニシリン

□
□ **問21** 最も温度が高い殺菌処理法はどれか。

① HTST法　② LTLT法
③ パスツーリゼーション　④ 火入れ
⑤ UHT法

□
□ **問22** 細菌と食中毒の型について**誤っている**組合せはどれか。

a. 黄色ブドウ球菌 ——— 毒素型
b. カンピロバクター ——— 感染型
c. サルモネラ菌 ——— 感染型
d. 腸炎ビブリオ菌 ——— 毒素型
e. ボツリヌス菌 ——— 感染型

① a, b　② a, e　③ b, c　④ c, d　⑤ d, e

【正解】 問17 ④　問18 ①　問19 ①　問20 ⑤　問21 ⑤　問22 ⑤

□□**問23**　食品の保存について**誤っている**のはどれか。

a.　塩蔵は、水分活性の低下により保存性を高める。
b.　レトルト食品は、容器に充填密封してから加熱処理を行う。
c.　脱酸素剤は、カビの発生を防止する。
d.　燻煙法は、pH の低下を用いた保存法である。
e.　酢漬けは、酸化防止作用により保存性を高める。

①　a，b　　②　a，e　　③　b，c　　④　c，d　　⑤　d，e

□□**問24**　COD について**誤っている**のはどれか。

①　化学的酸素要求量のことである。
②　水質汚染の指標である。
③　過マンガン酸カリウムにより酸化される有機物量を測定する。
④　単位は mg/L である。
⑤　同一試料を用いた場合は BOD と同じ値を示す。

□□**問25**　バイオスティミュレーションの説明として正しいのはどれか。

①　汚染物質の分解能をもつ微生物を現場に投入して汚染を除去する。
②　現場にもともと生息していた微生物を活性化して汚染を除去する。
③　微生物を利用して有機酸を大量生産する。
④　排水中の有機物を好気性微生物群によって分解する。
⑤　嫌気的条件で排水中の高濃度の有機物を分解する。

□□**問26**　微生物のもつ機能を利用して有用金属を回収する方法を何というか。

①　MPN 法　　②　担体結合法
③　バイオリアクター　　④　バクテリアリーチング
⑤　ペニシリンカップ法

□□**問27**　グラム染色法について**誤っている**のはどれか。

①　細菌の分類法の一つである。
②　細胞壁の構造によって染色性が異なる。
③　クリスタルバイオレットとサフラニンの対比染色を用いる。
④　ルゴール液は色素を不溶化する。
⑤　グラム陽性菌は淡紅色に染まる。

【正解】　問23 ⑤　問24 ⑤　問25 ②　問26 ④　問27 ⑤

□□ **問28** 栄養要求変異株の取得に用いるのはどれか。

a. 完全培地　b. 最少培地　c. 斜面培地
d. 天然培地　e. 軟寒天培地

① a, b　② a, e　③ b, c　④ c, d　⑤ d, e

□□ **問29** 生菌数を計測する方法はどれか。

① 乾燥菌体重量測定法　② 菌体容量測定法　③ 血球計算盤法
④ コロニー計数法　⑤ 比濁法

□□ **問30** 乳酸菌の培養について正しいのはどれか。

a. 15℃以下で培養する。
b. 炭素源は不要である。
c. 静置して培養する。
d. 培地のpH安定化のために炭酸カルシウムを加える。
e. 斜面培地に塗抹培養して保存する。

① a, b　② a, e　③ b, c　④ c, d　⑤ d, e

【正解】 問28 ①　問29 ④　問30 ④

出題問題

分子生物学

□
□ **問31** 真核細胞と原核細胞に共通して存在するのはどれか。

① 核膜　② ゴルジ体　③ ミトコンドリア
④ 葉緑体　⑤ リボソーム

□
□ **問32** 次の文中の（A）（B）（C）に入る語句の組合せはどれか。

肺炎双球菌のS型菌は病原性をもつが、R型菌はもたない。S型菌の抽出物を（A）分解酵素で処理後、R型菌と混合すると病原性を獲得し、（B）分解酵素で処理したものはR型菌と混合しても病原性にならない。前者のように遺伝的性質が変化する現象を（C）という。

	（A）	（B）	（C）
①	DNA	タンパク質	形質転換
②	DNA	RNA	形質導入
③	RNA	DNA	形質導入
④	タンパク質	DNA	形質転換
⑤	タンパク質	DNA	形質導入

□
□ **問33** 真核生物の染色体について**誤っている**のはどれか。

① DNAとヒストンが含まれる。
② ヒストンは塩基性タンパク質である。
③ ヌクレオソームは、DNAにヒストンが結合したものである。
④ クロマチンは、連続したヌクレオソームが折りたたまれたものである。
⑤ セントロメアは染色体の末端部分にある。

□
□ **問34** A型の母親とB型の父親から生まれる子どもの血液型の組合せとして正しいのはどれか。

① A型、B型、AB型、O型
② A型、B型、AB型
③ AB型、O型
④ A型、B型
⑤ AB型

【正解】 問31 ⑤　問32 ④　問33 ⑤　問34 ①

□□問35 塩基対と水素結合について正しいのはどれか。ただし、＝と≡は水素結合がそれぞれ２本、３本であることを示す。

a. A＝G　b. A＝T　c. G≡C　d. C＝T　e. G≡T

① a, b　② a, e　③ b, c　④ c, d　⑤ d, e

□□問36 RNAの極大吸収波長はどれか。

① 240 nm　② 260 nm　③ 280 nm　④ 300 nm　⑤ 320 nm

□□問37 二本鎖DNAの変性に用いられるのはどれか。

a. 強塩基　b. 強酸　c. クロロホルム
d. DNase　e. 熱

① a, b　② a, e　③ b, c　④ c, d　⑤ d, e

□□問38 スプライシング反応によって切り出される部分はどれか。

① イントロン　② エキソン　③ キャップ構造
④ ポリ（A）鎖　⑤ リボザイム

□□問39 生体内でのDNA複製において、二本鎖DNAを一本鎖にするのはどれか。

① DNAトポイソメラーゼ　② プライマーゼ
③ DNAヘリカーゼ　④ DNAポリメラーゼ
⑤ DNAリガーゼ

□□問40 突然変異の誘発因子として**誤っている**のはどれか。

① アクリジン色素　② 亜硝酸　③ アルキル化剤
④ 電離放射線　⑤ 二酸化炭素

□□問41 ペプチジル転移反応に関与するのはどれか。

① BAP　② DNAリガーゼ　③ RNaseH
④ rRNA　⑤ *Sma*I

□□問42 アミノ酸を指定するコドンは何種類あるか。

① 20　② 36　③ 61　④ 64　⑤ 81

□□問43 アミノアシル化されるのはどれか。

① hnRNA　② mRNA　③ rRNA　④ snRNA　⑤ tRNA

【正解】 問35 ③　問36 ②　問37 ②　問38 ①　問39 ③　問40 ⑤　問41 ④　問42 ③　問43 ⑤

□
□ **問44** 制限酵素について正しいのはどれか。

a. エキソヌクレアーゼである。
b. グリコシド結合を切断する。
c. パリンドローム構造を認識するものがある。
d. 細菌の自己防御機構に関わる。
e. 反応には Ca^{2+} が必要である。

① a, b　② a, e　③ b, c　④ c, d　⑤ d, e

□
□ **問45** プラスミドの説明として**誤っている**のはどれか。

① ベクターとして利用される。
② 染色体DNAとは独立に複製される。
③ 薬剤耐性遺伝子をもつものがある。
④ 自己スプライシング機能をもつ。
⑤ 分裂後の細胞に維持伝達される。

□
□ **問46** *Eco*RIについて正しいのはどれか。

a. 枯草菌に由来する。
b. 特定の6塩基配列を認識する。
c. 二本鎖DNAを切断する。
d. 反応後に平滑末端を生じる。
e. 反応にATPのエネルギーが必要である。

① a, b　② a, e　③ b, c　④ c, d　⑤ d, e

□
□ **問47** 遺伝子の発現量を上げるのはどれか。

① エンハンサー　② サイレンサー　③ スペーサー
④ プライマー　⑤ レプリコン

□
□ **問48** ラクトースオペロンの発現に**関わらない**のはどれか。

a. RNAポリメラーゼ　b. シャペロニン　c. プライマー
d. プロモーター　e. ラクトース

① a, b　② a, e　③ b, c　④ c, d　⑤ d, e

【正解】 問44 ④　問45 ④　問46 ③　問47 ①　問48 ③

□□ **問49** RNAポリメラーゼⅡによって合成されるのはどれか。

a. rRNA　b. hnRNA　c. snRNA
d. tRNA　e. プライマーRNA

① a, b　② a, e　③ b, c　④ c, d　⑤ d, e

□□ **問50** ラクトースオペロンにおけるリプレッサーの機能として正しいのはどれか。

a. オペレーターに結合する。
b. 誘導物質によって構造が変化する。
c. 翻訳を抑制する。
d. 触媒活性をもつ。
e. DNAポリメラーゼの結合を阻害する。

① a, b　② a, e　③ b, c　④ c, d　⑤ d, e

□□ **問51** 真核細胞における成熟mRNAの前駆体はどれか。

① dsRNA　② hnRNA　③ rRNA　④ snRNA　⑤ tRNA

□□ **問52** 遺伝情報の流れとして**確認されていない**のはどれか。

① ↻ DNA ⇄（② →, ④ ←）RNA ⇄（③ →, ⑤ ←）タンパク質

□□ **問53** 終止コドンはどれか。

a. AUG　b. UAA　c. UAG　d. UGA　e. UUU

① a, b, c　② a, b, e　③ a, d, e　④ b, c, d　⑤ c, d, e

□□ **問54** 逆転写酵素を利用するのはどれか。

① アルカリ-SDS法　② RT-PCR　③ 電気泳動
④ PCR　⑤ ライゲーション

□□ **問55** タンパク質の翻訳後修飾に**関係しない**のはどれか。

① エステル結合切断　② ジスルフィド結合形成
③ 糖鎖付加　④ タンパク質部分切断
⑤ メチル化

【正解】 問49 ③　問50 ①　問51 ②　問52 ⑤　問53 ④　問54 ②　問55 ①

□
□ **問56** 主要組織適合抗原について**誤っている**のはどれか。

① 赤血球の表面に提示される。
② MHC抗原ともよばれる。
③ 糖タンパク質である。
④ T細胞に抗原を提示する。
⑤ 臓器移植後の拒絶反応を引き起こす。

□
□ **問57** T細胞について**誤っている**のはどれか。

① リンパ球の一種である。
② 骨髄で産生される。
③ 胸腺で成熟する。
④ 抗体産生細胞である。
⑤ B細胞の分化成熟を誘導する。

□
□ **問58** 抗原抗体反応を利用するのはどれか。

a. ABO式血液型判定　　b. エイムス試験
c. ペーパーディスク法　　d. マクサム・ギルバート法
e. ラジオイムノアッセイ

① a，b　② a，e　③ b，c　④ c，d　⑤ d，e

□
□ **問59** 免疫応答の初期に作られるのはどれか。

① IgA　② IgD　③ IgE　④ IgG　⑤ IgM

□
□ **問60** IgGの基本構造として**誤っている**のはどれか。

a. H鎖3本とL鎖1本からなる。
b. 糖鎖をもつ。
c. 2か所の抗原結合部位をもつ。
d. 定常領域はH鎖とL鎖からなる。
e. 可変領域はH鎖上にのみ存在する。

① a，b　② a，e　③ b，c　④ c，d　⑤ d，e

【正解】 問56 ①　問57 ④　問58 ②　問59 ⑤　問60 ②

出題問題

遺伝子工学

□□ **問61** 環状二本鎖DNAの片方に切れ目（ニック）の入ったものを何というか。

① cDNA　② cccDNA　③ linear DNA
④ ocDNA　⑤ ssDNA

□□ **問62** 一本鎖の核酸が部分的に二本鎖となったものを何というか。

① キャップ構造　② ステムループ構造　③ パリンドローム構造
④ βシート構造　⑤ ランダム構造

□□ **問63** コドンが変化してもアミノ酸の変化が<u>生じない</u>変異はどれか。

① サイレント変異　② サプレッサー変異　③ ナンセンス変異
④ フレームシフト変異　⑤ ミスセンス変異

□□ **問64** クレノウ酵素について正しいのはどれか。

① RNAを鋳型としてRNAを合成する。
② RNA/DNAハイブリッドのRNA鎖を切断する。
③ DNAを鋳型としてRNAを合成する。
④ DNAポリメラーゼ活性と3′→5′エキソヌクレアーゼ活性をもつ。
⑤ 一本鎖のDNAまたはRNAを分解する。

□□ **問65** DNA断片を結合する酵素はどれか。

① アルカリホスファターゼ　② エキソヌクレアーゼ
③ 逆転写酵素　④ *Taq* DNAポリメラーゼ
⑤ DNAリガーゼ

□□ **問66** DNA抽出の際にEDTAを加える理由はどれか。

① 抽出液のpHを安定化させる。
② 塩濃度を一定にする。
③ タンパク質分解酵素活性を促進する。
④ RNA分解酵素活性を促進する。
⑤ DNA分解酵素活性を阻害する。

【正解】 問61 ④　問62 ②　問63 ①　問64 ④　問65 ⑤　問66 ⑤

□
□ **問67** pUC系ベクターの特徴について**誤っている**のはどれか。

① 環状二本鎖DNAである。
② 宿主の染色体に挿入される。
③ *lacZ*遺伝子をもつ。
④ マルチクローニングサイトをもつ。
⑤ カラーセレクションに利用する。

□
□ **問68** 遺伝子発現量の定量に用いるのはどれか。

① AMP　② BAP　③ GFP　④ HVJ　⑤ MCS

□
□ **問69** 1 MbpのDNA断片をクローン化できるベクターはどれか。

① M13ファージベクター　② コスミドベクター
③ pUC系ベクター　④ BACベクター
⑤ YACベクター

□
□ **問70** 線状二本鎖DNAの末端を脱リン酸化する酵素はどれか。

① IPTG　② RNAポリメラーゼ
③ アルカリホスファターゼ　④ エンドヌクレアーゼ
⑤ ペルオキシダーゼ

□
□ **問71** ニックトランスレーションの目的はどれか。

① DNAを標識する。
② DNAの塩基配列を決定する。
③ cDNAを合成する。
④ DNA断片を大きさにより分離する。
⑤ DNAに変異を導入する。

□
□ **問72** DNAを電気泳動で分離後、目的配列をもつ断片を検出するのはどれか。

① *in situ*ハイブリダイゼーション
② コロニーハイブリダイゼーション
③ サザンハイブリダイゼーション
④ ノーザンハイブリダイゼーション
⑤ プラークハイブリダイゼーション

【正解】 問67 ② 問68 ③ 問69 ⑤ 問70 ③ 問71 ① 問72 ③

□
□ **問73** 核酸の成分を放射性標識する際に利用されるのはどれか。

a. ^{3}H　b. ^{32}P　c. ^{35}S　d. ^{60}Co　e. ^{235}U

① a，b　② a，e　③ b，c　④ c，d　⑤ d，e

□
□ **問74** DNA 抽出実験において、タンパク質を分解するために用いるのはどれか。

① アミラーゼ　② プロテイナーゼ K　③ ラクターゼ
④ リゾチーム　⑤ リパーゼ

□
□ **問75** 抽出した DNA の純度の指標として用いる吸光度（A）の比はどれか。

① A_{240}/A_{280}　② A_{260}/A_{280}　③ A_{260}/A_{300}　④ A_{280}/A_{260}　⑤ A_{300}/A_{280}

□
□ **問76** RNase の説明で**誤っている**のはどれか。

a. RNA を分解する。
b. タンパク質の立体構造形成を介助する。
c. σ 因子をもつ。
d. DEPC により失活する。
e. 加水分解酵素である。

① a，b　② a，e　③ b，c　④ c，d　⑤ d，e

□
□ **問77** *Taq* DNA ポリメラーゼを利用するのはどれか。

a. DNA 塩基配列決定　b. PCR
c. 制限酵素処理　d. ニックトランスレーション
e. ライゲーション

① a，b　② a，e　③ b，c　④ c，d　⑤ d，e

□
□ **問78** ジデオキシ法について**誤っている**のはどれか。

① ddNTP を取り込ませる。
② ポリメラーゼで反応する。
③ 塩基特異的に分解する。
④ 蛍光標識した分子を利用する。
⑤ 電気泳動を用いて解析する。

【正解】 問 73 ①　問 74 ②　問 75 ②　問 76 ③　問 77 ①　問 78 ③

□□**問79** 次の文中の（A）（B）（C）に入る語句の組合せはどれか。

mRNAを鋳型として、（A）を用いて（B）が合成される。このようにRNAを相補的なDNAとして写しとる反応を（C）とよぶ。

	(A)	(B)	(C)
①	逆転写酵素	タンパク質	翻訳
②	リボソーム	タンパク質	翻訳
③	RNAポリメラーゼ	tRNA	転写
④	制限酵素	cDNA	逆転写
⑤	逆転写酵素	cDNA	逆転写

□□**問80** ウェスタンブロット法において、固定するものと検出に用いるものの正しい組合せはどれか。

	固定		検出
①	DNA	――	RNA
②	RNA	――	DNA
③	DNA	――	タンパク質
④	RNA	――	抗体
⑤	タンパク質	――	抗体

□□**問81** オリゴ（dT）カラムを用いて精製するのはどれか。

① cDNA　② mRNA　③ rRNA　④ tRNA　⑤ 全RNA

□□**問82** 遺伝子導入により作成された幹細胞はどれか。

① iPS細胞　② ES細胞　③ NK細胞
④ ハイブリドーマ　⑤ マクロファージ

□□**問83** ELISA法について正しいのはどれか。

a. 標識として酵素を用いる。
b. ハイブリダイゼーションを利用する。
c. HAT培地で培養する。
d. 高電圧パルスをかける。
e. 抗原抗体反応を利用する。

① a, b　② a, e　③ b, c　④ c, d　⑤ d, e

【正解】問79 ⑤　問80 ⑤　問81 ②　問82 ①　問83 ②

□
□ **問84** 遺伝子型の異なる細胞が１個体中に混在しているのはどれか。

① キメラマウス　② スーパーマウス
③ トランスジェニックマウス　④ ヌードマウス
⑤ ノックアウトマウス

□
□ **問85** モノクローナル抗体作製に用いるミエローマ細胞が欠損している代謝系はどれか。

① オルニチン回路　② カルビン回路　③ クエン酸回路
④ サルベージ経路　⑤ ペントースリン酸経路

□
□ **問86** ジーンターゲッティング法について**誤っている**のはどれか。

① 胚性幹細胞を用いる。
② ターゲッティングベクターとの相同組換えを用いる。
③ 選択マーカーを用いる。
④ 組織特異的に外来遺伝子を発現させる。
⑤ ノックアウトマウスの作出に用いる。

□
□ **問87** 植物の種間雑種の作出に用いるのはどれか。

① 花粉培養　② カルス培養　③ 茎頂培養
④ 胚培養　⑤ 葯培養

□
□ **問88** 植物プロトプラストの融合に用いるのはどれか。

① エチジウムブロミド　② セルラーゼ
③ センダイウイルス　④ タバコモザイクウイルス
⑤ ポリエチレングリコール

□
□ **問89** ジベレリンについて**誤っている**のはどれか。

① 植物ホルモンの一種である。
② イネの病原菌から発見された。
③ 茎の伸長を促進する。
④ 乾燥により合成が促進される。
⑤ 種なしブドウの作出に用いる。

2021年12月 午後

【正解】 問84 ① 問85 ④ 問86 ④ 問87 ④ 問88 ⑤ 問89 ④

□□ **問90** Tiプラスミドについて**誤っている**のはどれか。

① 環状二本鎖DNAである。
② クラウンゴールを形成する。
③ *vir* 領域が宿主染色体に組み込まれる。
④ 遺伝子導入ベクターとして利用される。
⑤ 植物ホルモン合成酵素遺伝子をコードしている。

【正解】 問90 ③

解説編

バイオテクノロジー総論

キーワード

問1　正解①　吸光光度法（紫外可視分光分析）

溶液に光を当てるとき、溶液中の物質濃度が高いほど出てくる光は暗くなる。出てくる光の割合が透過度、その百分率が透過率（%）である。希薄溶液では溶液濃度と透過率は反比例の関係にある（選択肢 c）。透過度の逆数の対数が吸光度であり、透過率が高くなると吸光度は低くなる（選択肢 a）。また吸光度は溶液濃度と光路長に比例する。これらの関係を示したものがランベルト・ベールの法則であり、A（吸光度）= ε（モル吸光係数）× C（モル濃度）× L（光路長 cm）と定義される。モル吸光係数はある物質の1モル溶液を1 cm の光路長で測定した場合の吸光度であり、その物質特有の値となるが、使用する溶媒により値は変化する（選択肢 d）。紫外部分析の光源には重水素ランプが（選択肢 b）、可視部にはハロゲンランプが一般に用いられる。試料に濁りがあると散乱が生じて吸光度が高く表示されてしまう（選択肢 e）。

- □透過率
- □吸光度
- □モル吸光係数
- □ランベルト・ベールの法則

問2　正解③　吸光光度法（吸光度と濃度の関係）

モル吸光係数はある物質の1モル溶液を1 cm の光路長で測定した場合の吸光度であり A（吸光度）= ε（モル吸光係数）C（モル濃度）L（光路長 cm）で表される。題意より吸光度を求めると、$4.0 \times 10^{3} \times 0.2 \times 10^{-3} \times 1 = 0.8$　となる。

- □物質濃度
- □吸光度
- □モル吸光係数
- □ランベルト・ベールの法則

問3　正解②　分離分析法（クロマトグラフィーの原理）

ガスクロマトグラフィーでは移動相に窒素やヘリウムなどの不活性ガスを通常用いる。最近では水素ガスも利用されているが、エチレンガスは用いられない（選択肢 a）。アフィニティークロマトグラフィーは抗原抗体反応や酵素と基質の関係などの特異的な吸着反応を利用する（選択肢 b）。ゲル濾過クロマトグラフィーでは分子量の大きさにより分離を行うが、粒子状ゲルの網目中に浸透できない分子量の大きな分子は粒子間を通ってすぐに溶出され、網目中に浸透する分子量の小さなものは通過に時間がかかるため遅れて出てくる。移動相の流量が同じであってもカラム温度などの運転条件が変化すると物質の溶出までの時間がかわり、分離ピークの保持時間がかわってしまう（選択肢 e）。

- □ガスクロマトグラフィー
- □アフィニティークロマトグラフィー
- □ゲルろ過クロマトグラフィー
- □イオン交換クロマトグラフィー
- □移動相

問4　正解③　分離分析法（液体クロマトグラフィー）

移動相に液体を使う液体クロマトグラフィーは、様々な原理の固定相（選択肢 c）を利用することができるので、糖質、タンパク質、アミノ酸その他幅広い物質の分析に利用されている。分析には一定速度の移動相の流れが必要で（選択肢 b）、分離管の上下の差圧で流

- □液体クロマトグラフィー
- □HPLC
- □順相
- □逆相

キーワード

す方法や、ポンプなどで圧力をかけて高速で流す（高速液体クロマトグラフィー；HPLC）方法がある。移動相が液体であるので、分離管は様々な内径のガラスや金属の管を用いたパックドカラムが利用されるが、キャピラリーカラムは用いられない（選択肢 e）。液体クロマトグラフィーは当初、炭酸カルシウムなどの極性の強い吸着剤を固定相、極性の低い有機溶媒を移動相として用いたため、これを順相と称している。しかしながらタンパク質や核酸などのバイオ産物を効率良く分離するにはこの逆の性質、すなわち極性の低い固定相とそれよりも極性の高い移動相を組み合わせた逆相クロマトグラフィーが適しており、これが汎用されている（選択肢 a・d）。

問 5　正解⑤　　**分離分析法（ゲル電気泳動法）**

電気泳動法は溶液中で電荷を帯びる物質が、電場の中で移動する現象を利用した分離方法である。通常一定の pH 条件で行われるが、pH 勾配を形成して泳動を行うのが等電点電気泳動法である。各タンパク質は pH に応じて帯電状態が変化し、それぞれが等電点となる pH まで泳動されるとそこで移動が止まる（選択肢 b）。SDS-PAGE では SDS がタンパク質の立体構造を変性させ、伸びた状態になったペプチド鎖に SDS が結合することでタンパク質全体の電荷が－となり、＋極方向に全てが泳動されるようになる（選択肢 c）。アクリルアミドゲルは、数百 bp 程度までの核酸分析に適しており、それ以上の分子量の大きな核酸やタンパク質の分析には、より網目が大きいアガロースゲルが適している（選択肢 d）。ゲル電気泳動ではゲル濃度を高めるとゲルの網目の隙間が狭くなり、分子は移動しにくくなるため泳動速度は遅くなる（選択肢 e）。泳動後のタンパク質などの染色には CBB などが用いられる。BPB は電気泳動ではマーカー色素として用いられる（選択肢 a）。

- □ ポリアクリルアミドゲル電気泳動
- □ アガロースゲル電気泳動
- □ SDS-PAGE
- □ 等電点電気泳動
- □ CBB

問 6　正解④　　**遠心機**

遠心力（F）は $F = mr\omega^2$ （m：物質の質量、r：回転半径、ω：角速度）で求められる。角速度 ω は回転数の関数であるので、求める回転を N とすると、題意より $5 \times 8000^2 = 20 \times N^2$ が成り立つ。$N^2 = (5 \times 8000^2) / 20 = 8000^2 / 4 = 8000^2 / 2^2 = (8000 / 2)^2 = 4000^2$ となり、N = 4000（rpm）となる。

- □ 遠心機
- □ ローター
- □ 遠心効果

問 7　正解③　　**クリーンベンチ**

クリーンベンチ内部には、HEPA フィルターでろ過された清浄な無菌空気が天井部などから流入し（選択肢①）、内部は陽圧になっている。内部の空気は開口部より外部に排出されるか内部で循環ろ過されるので（選択肢⑤）、作業中粉塵などの流入や汚染が抑制され（選択肢④）、清浄な状態が維持されるので無菌操作に利用されている（選択肢②）。クリーンベンチ内部には殺菌灯が設置されており、使用前後に点灯し、使用中は危険なため必ず消灯する（選択肢③）。

- □ クリーンベンチ
- □ HEPA フィルター
- □ UV 灯

キーワード

問8 正解⑤ 顕微鏡

実体顕微鏡は、数倍から数十倍程度の倍率で立体視が可能なため、植物の成長点の摘出などに用いられる（選択肢①）。倒立顕微鏡は、試料の上から光を当てて下から観察するので培養中の細胞の観察に適している（選択肢②）。位相差顕微鏡は、染色されていない細胞などコントラストが低い試料の観察に適している（選択肢③）。蛍光顕微鏡は、蛍光染色した試料の観察に適している（選択肢④）。透過型電子顕微鏡は薄切した試料に電子線を照射し、透過してきた電子線の強弱を画像化して観察するので、試料の内部構造の観察に適している。物質表面の詳細構造の観察には、電子線を試料にあててそこから生じる反射電子などの情報をもとに画像化する走査型電子顕微鏡が用いられる（選択肢⑤）。

- □ 実体顕微鏡
- □ 倒立顕微鏡
- □ 位相差顕微鏡
- □ 蛍光顕微鏡
- □ 電子顕微鏡

問9 正解③ 天秤類

電子天秤は振動の無い安定した台に設置する（選択肢①）。傾いていると正確に測定ができないので、水準器を使って水平にすることが必要である（選択肢②）。風袋とは測定時に使用する容器のことで、測定前に容器だけを電子天秤にのせて容器の重量を差し引かせる（選択肢③）。エアコン等の風が当たると数値が変動するので、風があたらない場所や風防を設置するなどして使用する（選択肢③）。吸湿性の高い試料は、測定中吸湿して数値が変動するので蓋つきの容器で計量する（選択肢⑤）。

- □ 電子天秤
- □ 風袋
- □ 除振台

問10 正解① その他の機器

pH メーターの電極は特殊なガラス膜でできており、この膜内外の電位差を測定している（選択肢 d）。測定にはガラス表面が水によって水和していることが必要であり、乾燥すると測定ができない（選択肢 e）。またガラス膜は非常に薄く、アルカリによってガラスが溶出するため、洗浄は薄い塩酸などを使う（選択肢 b）。測定の際はpH標準液で校正してから使用する（選択肢 c）。また、温度により、値に差が出てくるので一定の温度で測定する（選択肢 a）。

- □ pH メーター
- □ ガラス電極
- □ 電位差

問11 正解⑤ バイオテクニカルターム（実験）

centrifugation（遠心分離；選択肢①）、freeze（凍結；選択肢②）、homogenate（ホモジェネート（破砕液）；選択肢③）、preparation（準備；選択肢④）、replica plating（レプリカ平板法；選択肢⑤）のことであり、突然変異株の選択にはレプリカ平板法が用いられる。

- □ centrifugation
- □ freeze
- □ homogenate
- □ preparation
- □ replica plating

問12 正解① バイオテクニカルターム（器具）

写真は細胞培養をする際のフラスコ（culture flask；選択肢①）である。dish（選択肢②）及び plate（選択肢③）はシャーレのことであり、test tube（選択肢④）は試験管、tip（選択肢⑤）はマイクロピペット先端にセットして液体の計量に利用する部品である。

- □ culture flask
- □ dish
- □ plate
- □ test tube
- □ tip

キーワード

問13 正解⑤ **バイオテクニカルターム（機器）**

autoclave（高圧蒸気滅菌器；選択肢①）、clean bench（クリーンベンチ；選択肢②）、incubator（培養器；選択肢③）、microscope（顕微鏡；選択肢④）、stirrer（攪拌機；選択肢⑤）のことであり、⑤だけが目的にそぐわない。

- □ autoclave
- □ clean bench
- □ incubator
- □ microscope
- □ stirrer

問14 正解④ **バイオテクニカルターム（元素）**

calcium（カルシウム Ca）、carbon（炭素 C）、hydrogen（水素 H）、oxygen（酸素 O）、phosphorus（リン P）である。glucose は（グルコース、ぶどう糖）のことであり、これは炭素（選択肢 b）、水素（選択肢 c）、酸素（選択肢 d）から成る。

- □ calcium
- □ carbon
- □ hydrogen
- □ oxygen
- □ phosphorus

問15 正解④ **バイオテクニカルターム（物質）**

acetic acid（酢酸；選択肢①）、ethanol（エタノール；選択肢②）、sodium chloride（塩化ナトリウム；選択肢③）、sodium hydroxide（水酸化ナトリウム；選択肢④）、sulfuric acid（硫酸；選択肢⑤）である。赤色のリトマス試験紙を青くするのはアルカリ性のものである。選択肢の中でアルカリは④水酸化ナトリウムだけである。

- □ acetic acid
- □ ethanol
- □ sodium chloride
- □ sodium hydroxide
- □ sulfuric acid

問16 正解② **バイオテクニカルターム（細胞・生物）**

各細胞小器官が浮かんでいる液状の部分を細胞質（cytoplasm；選択肢②）と呼ぶ。各種イオンやタンパク質・糖質等が溶け込んでおり、細胞の活動を支えている。chloroplast（クロロプラスト（葉緑体）；選択肢①）、Golgi body（ゴルジ体；選択肢③）mitochondria（ミトコンドリア；選択肢④）、nucleus（核；選択肢⑤）であり、選択肢②以外はいずれも細胞内小器官である。

- □ chloroplast
- □ cytoplasm
- □ golgi body
- □ mitochondria
- □ nucleus

問17 正解② **バイオテクニカルターム（細胞・生物）**

DNA 鎖は、各塩基同士をホスホジエステル結合で繋ぎ、一本鎖を形成する。一本鎖同士はさらに水素結合によりつながり、二本鎖が形成される。phosphodiester bond（ホスホジエステル結合；選択肢 a）、ionic bond（イオン結合；選択肢 b）、disulfide bond（ジスルフィド結合；選択肢 c）、peptide bond（ペプチド結合；選択肢 d）、hydrogen bond（水素結合；選択肢 e）であり、よって DNA の二重らせん構造に関わる結合様式は選択肢 a,e となる。

- □ phosphodiester bond
- □ ionic bond
- □ disulfide bond
- □ peptide bond
- □ hydrogen bond

問18 正解⑤ **バイオテクニカルターム（細胞工学）**

貪食は食細胞（好中球、好酸球、単球、マクロファージなど）が菌やその他固形分を取り込む作用のことである。antibody（抗体；選択肢①）、antigen（抗原；選択肢②）、embryonic stem cell（胚性幹細胞；選択肢③）、immunoglobulin（免疫グロブリン；選択肢④）macrophage（マクロファージ；選択肢⑤）でありこの中では⑤が該当する。

- □ antibody
- □ antigen
- □ embryonic stem cell
- □ immunoglobulin
- □ macrophage

キーワード

問19 正解③ バイオテクニカルターム（接頭語）

cyto-（選択肢③）は細胞を表す接頭語である。酵素は「-ase」がつく。cis-（選択肢①）は「同じ側、こちら側」を示す接頭語。この対となる接頭語は「反対側、向こう側」なども意味するtrans-（選択肢⑤）である。co-は「共同、相互」の意味、de-は「分離、除去」の意味を持つ接頭語である。

- □ cis-
- □ trans-
- □ co-
- □ cyto-
- □ de-

問20 正解⑤ バイオテクニカルターム（総合問題）

英文は植物細胞と動物細胞の違いについて触れている（選択肢a）。動物細胞ではなく植物細胞に形を守る構造があり（選択肢b）、その主成分はセルロースである（選択肢e）。植物の液胞が栄養物の貯蔵の役割を果たす記述はあるが、貯蔵専用の細胞に関する記載はない（選択肢c）。葉緑体は光合成の場であることが記載されている（選択肢d）。

＜全文訳＞

動物細胞と植物細胞を比較すると、次の様な違いがある。植物細胞には細胞壁があり、この細胞壁は主にセルロースからできており、細胞の形を保ち守る働きがある。また、植物細胞には大きな液胞があり細胞内の水分調節や栄養物の貯蔵に重要な役割を果たしている。最大の特徴の差は、葉緑体の存在である。葉緑体は光合成の場であり、炭酸同化の役割を担っている。

- □ animal cell
- □ plant cell
- □ chloroplast
- □ photosynthesis

問21 正解① 法令（カルタヘナ議定書）

カルタヘナ議定書は、遺伝子組換え生物（Living Modified Organism（LMO））等の国境を超える移動について定めたものであり（選択肢①）、その目的は生物多様性への悪影響（人の健康に対する悪影響も考慮したもの）を防止することであり、その利用を促すことを目的としたものではない（選択肢②）。ここでいうLMOとは、現代のバイオテクノロジーの利用によって得られる遺伝素材の新たな組合せを有する生物のことを指し、従来用いられてきた育種—選抜に用いられていなかった技術によるものが対象となる（選択肢⑤）。そしてウイルス及びウイロイドも対象に含まれている（選択肢③）が、人のための医薬品は対象外である（選択肢④）。

- □ カルタヘナ議定書
- □ 生物多様性条約
- □ 遺伝子組換え生物（LMO）

問22 正解③ 法令（拡散防止措置）

第一種使用とは拡散防止措置を取らずに行うもので、第二種使用は組換え生物等が環境中に拡散するのを防止しつつ実施することである（選択肢①）。組換え微生物の培養全体の容量が20Lを超える場合は第二種使用の中の種類が大量培養実験となる（選択肢②）。微生物使用実験について、P1～P3レベルの拡散防止措置を規定しているのは第二種使用である（選択肢③）。実験分類とは使用する宿主や核酸供与体が持つ病原性や伝播性により採るべき拡散防止措置のクラスを4段階に分類したものである（選択肢④）。特定網室とは遺伝子組換え植物を屋外で栽培実験する前に、生育状況や環境影響などを評価するために用いられる第二種使用の温室施設。外気に解放

- □ 拡散防止措置
- □ 第一種使用
- □ 第二種使用
- □ 実験分類
- □ 特定網室

された部分に網その他の拡散防止設備が設けられている。

問23 正解④ **拡散防止措置**

クリーンベンチは基本構成が安全キャビネットと似ているが、使用目的が異なり、クリーンベンチで安全キャビネットの代用をすることはできない（選択肢①）。外部の雑菌が内部に混入するのはクラスⅠの安全キャビネットである（選択肢②）。吸排気とも滅菌されるのはクラスⅡである（選択肢③）。吸排気はHEPAフィルターによるろ過滅菌が行われる（選択肢④）。治療手段が確立していない様な危険な病原体を扱うのはクラスⅢである（選択肢⑤）。

キーワード
- □安全キャビネット
- □HEPAフィルター
- □クラスⅠ
- □クラスⅡ
- □クラスⅢ

問24 正解④ **滅菌・消毒**

エチレンオキシド（酸化エチレン）ガス（EOG）による滅菌効果は、タンパク質がこのガスによりアルキル化されることによる（選択肢①）。またタンパク質の加熱変性による滅菌効果を利用するのがオートクレーブである（選択肢②）。紫外線によってDNA中の隣接するピリミジン塩基（チミンまたはシトシン）間に結合が生じ、二量体が形成されてDNAの複製や転写がうまくできなくなる（選択肢③）。ホルムアルデヒドは粘膜を刺激するなどの急性毒性があるが、ホルムアルデヒドとDNA-タンパク質との架橋形成が、毒性影響を発現する一因であると考えられている（選択肢④）。ろ過滅菌は微生物をフィルターで捕捉除去することで、その影響をなくす滅菌法である（選択肢⑤）。

- □高圧蒸気滅菌
- □EOG
- □紫外線殺菌
- □ホルムアルデヒド
- □ろ過滅菌

問25 正解② **滅菌・消毒**

エチレンオキシド（酸化エチレン）ガスは毒性があり手指の消毒には適さない（選択肢b）。次亜塩素酸ナトリウムは0.05%で使用する（選択肢c）。メタノールは人体に対する危険性が高いため、消毒には利用しない（選択肢d）。

- □塩化ベンザルコニウム
- □エチレンオキシドガス
- □次亜塩素酸ナトリウム

問26 正解① **滅菌・消毒**

γ線は電磁波の一種で、非常に高いエネルギーを持っており（選択肢c）、^{60}Coや^{137}Csが放射線源として利用されている（選択肢d）。γ線は日本では医療用具、医療機器の滅菌に広く利用されているが、食品への照射はジャガイモの発芽抑制目的のみに許可されている（選択肢e）。諸外国ではさらに食品の滅菌にも利用されている。選択肢aはβ線（電子線）のことであり金属板で遮ることができる。選択肢bはα線であり、これは2個の陽子と2個の中性子からなりヘリウム原子核と同様のものである。正電荷を帯びており紙一枚でも遮ることができる。

- □γ線
- □放射線滅菌
- □^{60}Co

キーワード

問27 正解②　**危険物（薬品の危険性）**

エチジウムブロミドは強い変異原性があり、また皮膚・眼・粘膜などへの刺激性がある。二本鎖DNAにインターカレートして、DNAの複製や転写を阻害することにより変異原性を示すと考えられている。取扱い時には手袋を着用するなど皮膚に付着させないように注意することが必要で、廃液は回収して処理する必要がある（選択肢a）。複数の重金属を含む廃液は、処理が複雑となるので基本的には混ぜないで分別保管し専門業者に処理を依頼する（選択肢b）。溶媒を用いた実験器具には溶媒が残存しているため、洗浄液も回収して処理することが望ましい（選択肢d）。またどのような化学物質が含まれているか内容を明らかにしておくと、その後の処理が容易となる。有機溶媒廃液は揮発させずに貯留し専門業者に処理を委託する（選択肢⑤）。

- □エチジウムブロミド
- □変異原性
- □重金属
- □有機溶剤

問28 正解①　**危険物（薬品の危険性）**

フェノールは毒性および腐食性があり、皮膚に触れると薬傷を生じる。フェノール水溶液は弱酸性であるが、付着部分を中和する必要はなく、酸などの薬品が付着した場合と同様に流水での洗浄が基本である（選択肢①）。エチジウムブロミドは核酸染色に利用されるが変異原性があり、作業中皮膚に付着しないように注意することが必要である（選択肢②）。衣類の上から硫酸やその他薬品がかかった場合、そのまま水などを掛けると反応熱が生じ、傷害が拡大する可能性がある（選択肢③）。高圧ガスボンベは転倒防止措置をとり、立てて使用するのが基本である（選択肢④）。特に液化ガス（LPガスや炭酸ガスなど）やセチレンガスボンベは必ず立てて使用しなければならない。オートクレーブは表示温度だけではなく、圧力表示も確認する必要がある（選択肢⑤）。

- □フェノール
- □エチジウムブロミド
- □硫酸
- □ガスボンベ

問29 正解④　**環境（環境汚染）**

自浄作用（選択肢a）は環境中の有機物などの汚れが、物理的な希釈や、酸化・還元などの化学反応、微生物などによる分解で自然に減少することをいう。選択肢aの説明は天敵などを意味する。富栄養化（選択肢b）は農薬、肥料、生活排水などによる河川、湖沼、海中などでの窒素、リンの増加のことである。地球温暖化は二酸化炭素やメタンなどの温暖化ガス濃度が増え、地表から放出される熱をこれらが吸収するため大気温度が上昇する現象（選択肢c）。酸性雨は排気ガスや火山などから放出された硫黄酸化物や窒素酸化物などが、雨などに溶け込み酸性を示す現象（選択肢d）。生物濃縮は微生物のみではなく、食物連鎖を通じて生物中に化学物質が濃縮されていく現象で全ての生物に関連する。

- □自浄作用
- □富栄養化
- □地球温暖化
- □酸性雨
- □生物濃縮

問30 正解②　**環境汚染**

微生物を用いた環境汚染の浄化法はバイオレメディエーションである（選択肢①）。バイオレメディエーションには、汚染現場にもともと生息している微生物を活性化するバイオスティミュレーション

- □バイオスティミュレーション

と、分解能力に優れた微生物を選択培養してそれを汚染現場に投入するバイオオーギュメンテーションの二つの方式がある。微生物による鉱物中の微量金属分離技術はバクテリアリーチングである（選択肢③）。また植物による環境浄化法はファイトスティミュレーションである（選択肢④）。メタン発酵法は嫌気性菌による嫌気的排水処理であり、有機物をメタンガスに変換し利用することができる（選択肢②）。活性汚泥法は好気性微生物を用いた好気的排水処理技術であり、微生物の増殖による余剰汚泥が多く発生する（選択肢⑤）。

キーワード

□バイオオーギュメンテーション

解説

生化学

キーワード

問31 正解⑤ **細胞の機能と構造**

細胞小器官のうち、核（選択肢①）細胞膜（選択肢②）ミトコンドリア（選択肢④）リボソーム（選択肢⑤）は、動物細胞、植物細胞ともに存在するが、葉緑体（選択肢③）は植物細胞のみに存在する。

- □植物細胞
- □細胞小器官
- □葉緑体

問32 正解③ **細胞の機能と構造**

核には細胞の DNA のほとんどが格納されているが（選択肢 e）、葉緑体には葉緑体 DNA（選択肢 b）、ミトコンドリアにはミトコンドリア DNA が（選択肢 c）、含まれている。

- □細胞小器官
- □DNA

問33 正解④ **水**

塩酸 HCl は強酸で、水溶液ではほぼ全て H^+ と Cl^- に電離すると考えて良い。0.01 mol/L HCl を 10 倍希釈した溶液では、H^+ イオンのモル濃度［H^+］は 10^{-3} mol/L となる。pH は水素イオン指数ともよばれ $-\log_{10}$［H^+］として定義されるので、この希釈溶液の pH は 3 となる。（選択肢③）

- □水素イオン濃度
- □pH

問34 正解③ **水**

0.5 mol/L NaOH 溶液 1L 中には NaOH が 0.5 mol 含まれている。1 mol の重量は $23 + 16 + 1 = 40$（g）であるから、0.5 mol の時の重量は $40 \times 0.5 = 20$（g）である。溶液 1 L 中に 20（g）含まれているため、500 ml 中には 10（g）含まれていることとなる。その為、必要な NaOH の質量は 10 g（選択肢③）となる。

- □モル濃度

問35 正解① **糖質の代謝**

糖新生とは、乳酸やアミノ酸のような糖質でない物質からグルコースをつくりだす代謝の事であり（選択肢①）、絶食状態になり、血糖値が低下しかつ肝臓のグリコーゲンが枯渇すると起こる。（選択肢②④⑤）、食事によるエネルギー供給と密接に関係しており、血中のグルコースの適切な水準を維持する機能を持っている。糖新生経路自体は解糖系を逆行する部分が多いがいくつかのステップは解糖系とは異なっている（選択肢③）。

- □糖新生
- □解糖系

問36 正解② **糖質の代謝**

解糖系は 1 分子のグルコースが複数の酵素によって分解され、2 分子のピルビン酸になる過程で、2 分子の「$NADH^+$ H^+」と 2 分子の

- □解糖系
- □グルコース

ATP がつくられる。(選択肢②) グルコース 1 分子を解糖系に取り込むために 2 分子の ATP が消費され、その後、グリセルアルデヒド 3-リン酸 2 分子に分解されてピルビン酸 2 分子生成する際に 4 分子の ATP が生成する。解糖系では、グルコース 1 分子あたり差し引き 2 分子の ATP が生成する。 グリセルアルデヒド 3-リン酸から 1,3-ビホスホグリセリン酸を生成する際に生じる 2 分子の NADH は、好気的状態では TCA サイクルで 6 分子の ATP を生成するが、嫌気的状態のアルコール発酵や乳酸発酵では、NAD を供給して解糖系を駆動するために消費されてしまい、ATP は生成しない。

キーワード
- ATP
- ピルビン酸

問37 正解⑤ **糖質の化学**

アミロースは、多数の α-グルコース分子がグリコシド結合によって重合したもの(選択肢①)、デオキシリボースは、アルドース、ペントースの一つで、アルデヒド基を含む単糖である。(選択肢②)、イソマルトース、セロビオース、トレハロース、マルトースは、すべてグルコースのみを構成糖とする二糖である。(選択肢③・④) ラクトースはガラクトースとグルコースが β-1,4 結合した二糖類である。(選択肢⑤)

- 二糖類
- ラクトース
- 構成糖

問38 正解④ **糖質の化学**

フルクトースはケトン基を持つケトースに分類され、(選択肢④) ガラクトース、キシロース、グルコール、マンノースはアルデヒド基をもつアルドースに分類される。(選択肢①・③・⑤) グリセルアルデヒドは二価アルコール、アルデヒドの一種。(選択肢②)

- 糖質の構造
- 分類
- アルデヒド基
- ケトン基

問39 正解① **アミノ酸およびタンパク質の構造、分類、性質**

アミロペクチンは、デンプンを構成する多糖類で構成糖はグルコースである。(選択肢①) コンドロイチン硫酸は *N*-アセチル-D-ガラクトサミン、(選択肢③) ヘパリンはグルコサミン、(選択肢⑤) ヒアルロン酸とキチンは *N*-アセチル-D-グルコサミンが構成糖であり、(選択肢②④) いずれも動物を起源とする多糖類である。

- アミノ酸
- 多糖類

問40 正解⑤ **アミノ酸およびタンパク質の構造、分類、性質**

バリンは側鎖にプロピル基を持つ疎水性アミノ酸である (選択肢⑤)。アスパラギン (選択肢①) は側鎖にアミド基、グルタミン酸 (選択肢②) はカルボキシル基、セリンとトレオニン (選択肢③・④) は水酸基とそれぞれ極性のある側鎖を持ち、親水性である。

- アミノ酸
- アスパラギン
- グルタミン酸
- セリン
- トレオニン
- バリン

問41 正解③ **アミノ酸およびタンパク質の構造、分類、性質**

アミノ酸の三文字表記は、スペルの最初の三文字を使用することが多いが、例外もあり、グルタミンはグルタミン酸 (Glu) と最初の三文字が重なるため、Gln と表記する (選択肢③)。Glc は単糖であるグルコースの三文字表記である。アスパラギン (Asn) も同様

- アミノ酸
- 三文字表記

キーワード

の理由でアスパラギン酸（Asp）重なるため三文字目をアミンのnにしている。

問42 正解① **アミノ酸およびタンパク質の構造、分類、性質**

TK（チミジンキナーゼ）（選択肢c）はDNA合成において回収経路に作用する転移酵素、コハク酸デヒドロゲナーゼ（選択肢d）はコハク酸をフマル酸へ酸化する酸化還元酵素、リゾチーム（選択肢e）は細菌の細胞壁を構成するムコ多糖類を加水分解する酵素。ALT（アラニンアミノトランスフェラーゼ）（選択肢a）は肝臓に、AST（アスパラギン酸アミノトランスフェラーゼ）（選択肢b）はさまざまな臓器に存在するアミノ基転移酵素である。

□アミノ基
□酵素

問43 正解⑤ **アミノ酸およびタンパク質の構造、分類、性質**

αヘリックス構造、βシート構造はポリペプチド鎖内で水素結合した立体構造（選択肢①・②)、③三次構造はタンパク質固有の立体構造（選択肢③)、四次構造は複数のタンパク質分子が集まって一つの複合体タンパク質を形成している状態（選択肢①）

□立体構造
□αヘリックス構造
□βシート構造

問44 正解② **脂質の構造、分類、性質**

トリグリセリドはトリアシルグリセロールともいい、グリセリン（選択肢②）に3分子の脂肪酸がエステル結合した中性脂肪の一つで、加水分解によりそれらが遊離する。CoA（選択肢①）は補酵素A、コレステロール（選択肢③）は4つの平らでない環が縮合した化合物であるステロイドの一種、糖脂質（選択肢④）は分子内に水溶性糖鎖と脂溶性基の両方を含む脂質、リン脂質（選択肢⑤）は分子内にリン原子をリン酸エステルの形で含む脂質であり、何れもトリグリセリドには含まれない。

□脂肪酸
□トリグリセリド
□コレステロール
□アシル CoA

問45 正解③ **脂質の構造、分類、性質**

オレイン酸（選択肢②)、リノール酸（選択肢④)、リノレン酸（選択肢⑤)、およびアラキドン酸（選択肢①）は不飽和脂肪酸で、それぞれ二重結合を、1つ、2つ、3つ、および4つもつ。ステアリン酸（炭素数18）（選択肢③)、とパルミチン酸（炭素数16）はともに飽和脂肪酸で、二重結合をもたない。一般に、同じ程度の炭素数の脂肪酸を比べると、二重結合が少ないほど、また炭素数が多いほど分子間相互作用が多くなるため、融点が高くなる。パルミチン酸より融点が高いのは、選択肢のうちではステアリン酸（選択肢③）である。

□パルミチン酸
□アラキドン酸
□オレイン酸
□ステアリン酸
□リノール酸
□リノレン酸

問46 正解③ **脂質の構造、分類、性質**

コルチゾールやテストステロンなどのステロイドホルモンはステロール骨格を持ち、何れもコレステロール（選択肢③）を出発材料として生合成される。インターフェロン（選択肢①）はウイルス感染

□コルチゾール
□コレステロール

キーワード

に対抗して動物細胞が産生するウイルス抑制因子、キサンチン（選択肢②）はプリン塩基の一種、ヒアルロン酸（選択肢④）はグリコサミノグリカンの一種、ピリドキサールリン酸（選択肢⑤）はビタミン B_6 リン酸エステル化合物の一つでアミノ基転移反応に関わる酵素の補酵素であり、何れもステロイドホルモンの生合成には関わらない。

問47　正解②　**脂質の構造、分類、性質**

脂肪酸の長鎖炭化水素はエネルギー貯蔵に適しており、それをアシル化した後、一連のβ酸化反応によってNADHやFADH2の還元性物質およびアセチルCoA（選択肢②）が生じる。これらは酸化的リン酸化やTCAサイクルの基質となってATP産生に用いられる。N-アセチルグルコサミン（選択肢①）はバクテリアのペプチドグリカンの成分、グリセルアルデヒド（選択肢③）はアルデヒド基をもつ唯一の三炭糖、ホルムアルデヒド（選択肢④）は最も単純なアルデヒド、レシチン（選択肢⑤）はホスファチジルコリンの別名であり、何れも脂肪酸の酸化分解反応では生じない。

□アシルCoA
□β酸化

問48　正解②　**核酸の化学**

シトシンの4位にあるアミノ基が脱離した塩基はウラシル（選択肢②）である。なお、ウラシルの5位にメチル基が付加した塩基がチミンである。

□塩基
□脱アミノ反応

問49　正解④　**核酸の化学**

鎖状のDNAはヌクレオチド単位がホスホジエステル結合によって重合したものである（選択肢⑤）。またその重合には5'→3'の方向があり、二本鎖DNAは互いに逆向きである（選択肢①）。二本鎖の中心部にはグアニンとシトシン、またはアデニンとチミンが塩基対を形成し、その周辺部（外側）には糖とリン酸が位置する（選択肢③・④）。二重らせんの表面には幅の異なる二つの溝があり、主溝と副溝と呼ばれる（選択肢②）。

□塩基対
□二重らせん構造
□ヌクレオチド
□ホスホジエステル結合

問50　正解②　**酵素反応**

酵素反応においてミカエリス・メンテンの式は重要である。ミカエリス・メンテンの式は

$$v=\frac{V_{max}\cdot[S]}{K_m+[S]}$$

で、これに $v=V_{max}/2$ を代入して計算すると、〔S〕$=K_m$ となる。

□ミカエリス・メンテンの式

問51　正解④　**酵素分類**

酵素は国際規約で1.酸化還元酵素、2.転移酵素、3.加水分解酵素、4.脱離酵素（リアーゼ）、5.異性化酵素（イソメラーゼ）、6.合成酵

□酸化還元酵素

素（リガーゼ）、 7. トランスロカーゼの7種類に大きく分類される。このうち酸化還元酵素にはカタラーゼ、オキシダーゼ（選択肢d）、デヒドロゲナーゼ（選択肢c）等が含まれる。フォスファターゼ（選択肢a）やアミラーゼ（選択肢b）は加水分解酵素に分類され、この加水分解酵素には消化酵素が含まれている。ポリメラーゼ（選択肢e）は転移酵素に分類される。

キーワード

問52 正解① **酵素の性質**

酵素は触媒活性をもつタンパク質の総称で、特定の基質に対して反応する基質特異性を持つ（選択肢②）。酵素が無い場合と比べて活性化エネルギーを下げ（選択肢①）、結果として反応速度が上昇する（選択肢⑤）。生物の棲息する環境に応じて、酵素が機能するための最適温度（選択肢③）と最適pH（選択肢④）がある。

□活性化エネルギー

問53 正解⑤ **ビタミン欠乏症**

ビタミンは人に不可欠な栄養素であるが、体内での合成が出来ないため、外から食物等で摂取する必要がある。欠乏すると様々な病態が現れ、これがビタミン欠乏症である。代表的なビタミン欠乏症にはレチノール（ビタミンA、選択肢⑤）の欠乏と夜盲症、チアミン（ビタミンB_1）の欠乏と神経炎（脚気）、カルシフェロール（ビタミンD）の欠乏とくる病（骨軟化症）がある。

□レチノール

問54 正解② **ビタミンの分類**

ビタミンを大きく分類すると水溶性ビタミンと脂溶性ビタミンに分類される。水溶性ビタミンにはビタミンB群とビタミンC（アスコルビン酸、選択肢①）が含まれ、ビタミンB群は補酵素の働きがある。脂溶性ビタミンに分類されている主なビタミンはビタミンA、ビタミンD、ビタミンE、ビタミンK等である。ビオチン（ビタミンH、選択肢④）、チアミン（ビタミンB_1、選択肢③）、リボフラビン（ビタミンB_2、選択肢⑤）はビタミンB群で水溶性ビタミンに分類される。水溶性でないのはカルシフェロール（選択肢②）である。

□カルシフェロール

問55 正解④ **ホルモンの作用**

血糖値が低い場合、血糖値をあげる（グリコーゲンをグルコースにする）ホルモンが分泌されるが、それには数種類のホルモンが関与している。脳下垂体から分泌される成長ホルモン、副腎髄質から分泌されるアドレナリン（選択肢a）、膵（すい）臓のランゲルハンス島α細胞から分泌されるグルカゴン（選択肢c）である。絶食が続いた状態では、筋たんぱく質などの分解により得られたアラニンなどのアミノ酸からピルビン酸さらにオキサロ酢酸を介してグルコースが作られる（糖新生）。これらの反応に関与する酵素が、グルカゴン（選択肢c）、コルチゾール（選択肢d）により増加することで反応が促進される。

□糖新生
□コルチゾール

キーワード

問56 正解①　**ホルモンの分類**

ホルモンは化学構造により分類すると 1. タンパク質・ペプチド、2. アミノ酸誘導体、3. ステロイド　に分類される。タンパク質・ペプチドホルモンには視床下部、下垂体、膵臓、副甲状腺より分泌されるホルモンが含まれ、代表的なものとして、成長ホルモン（選択肢 a）やインスリン（選択肢 b）があげられる。アミノ酸誘導体ホルモンには副腎髄質、甲状腺より分泌されるホルモンが含まれ、代表的なものとして、アドレナリン（選択肢 c）やチロキシン（選択肢 e）があげられる。ステロイドホルモンには副腎皮質、精巣、卵巣より分泌されるホルモンが含まれ、代表的なものとして、エストロゲン（選択肢 d）があげられる。

- □成長ホルモン（GH）
- □インスリン

問57 正解③　**ミネラル（主な陽イオン）**

生体には様々な元素が含まれている。Cu（選択肢③）は軟体動物や節足動物の血液中で酸素運搬に関与するヘモシアニンに多く含まれる。同様な働きをするのがヒトの血中にある赤い色素のヘモグロビンで、構造体の中核には二価の Fe（選択肢④）が含まれている。Mg（選択肢⑤）はクロロフィルの成分であり、また、ATP の機能発現には必要な元素である。Ca（選択肢①）は人体に最も多く存在する金属元素である。Co（選択肢②）はシアノコバラミン（ビタミン B_{12}）に含まれている元素である。

- □カルシウム
- □鉄
- □マグネシウム

問58 正解④　**ミネラル（電解質の役割）**

哺乳類の細胞内液に多く含まれている陽イオンは K^+で、陰イオンは HPO_4^{2-}である（選択肢④）。細胞外液（血清中）に含まれている陽イオンは Na^+で、陰イオンは Cl^-である（選択肢①）。CO_3^{2-}を含む炭酸塩の代表的な物質は炭酸カルシウムで貝類の殻の主成分である（選択肢②）。SO_4^{2-}は様々な生体内での生理活性に必要な物質である（選択肢⑤）。OH^-は水や水酸化物が電離すると生じる物質である（選択肢③）。

- □リン酸

問59 正解①　**植物（光合成）**

葉緑体の構造をみると、チラコイドが重なった構造物がグラナで（選択肢②）、チラコイドとチラコイドの間をストロマという。光合成反応はチラコイドで起こる反応とストロマで起こる反応がある。まず、チラコイド膜上にある光化学系 II にて水の分解が起き酸素が放出される（選択肢④）。光化学系 II で放出された電子は電子伝達系を経て光化学系 I に移動するが、この時に ATP が合成される（選択肢③・⑤）。ストロマではチラコイドでの反応で作られた ATP を用い、カルビン・ベンソン回路での反応が行われ、CO_2 が固定され有機物（グルコース等）が作られる（選択肢①）。

- □チラコイド
- □グラナ
- □光化学系 I･II
- □ATP

キーワード

□光化学系Ⅰ・Ⅱ

問60 正解⑤ **植物（光合成）**

植物の葉緑体のチラコイドとストロマで行われている光合成反応を表す反応式は、$6CO_2 + 12\ H_2O$ + 光のエネルギー → ブドウ糖（$C_6H_{12}O_6$）等の有機物 + $6\ O_2$ + $6\ H_2O$ である。一方、硫化水素が存在する環境に生息する紅色硫黄細菌や緑色硫黄細菌においても同様の光合成反応が行われるが、それらは特殊なバクテリオクロロフィルという光合成色素を利用している。二酸化炭素を固定する〔H〕を H_2O でなく H_2S により得ているので、酸素を放出しない。この場合、下記の様な反応式が示される。

$6CO_2 + 12\ H_2S$ + 光のエネルギー → ブドウ糖（$C_6H_{12}O_6$）等の有機物 + 12S + $6\ H_2O$

微生物学

キーワード

問 1 正解②　**種類と特徴（分類）**

生物は細胞核を持たない原核生物と細胞核を持つ真核生物に大きく分けることができる。ホイタッカーの５界説では原核生物はモネラ界に、真核生物は、原生生物界、植物界、菌界、動物界の４界に分類されている。酵母は菌界に属する真核生物である。担子菌（選択肢②）は酵母と同じ菌界に分類されている。枯草菌（選択肢①）、乳酸菌（選択肢③）、放線菌（選択肢④）、ラン藻類（選択肢⑤）は原核生物であり、これらはモネラ界に分類されている。

- □原核生物
- □真核生物
- □担子菌
- □放線菌
- □ラン藻類

問 2 正解③　**種類と特徴（分類）**

独立栄養生物は、自身の体組織合成に必要な炭素源を無機物から得ることができる生物であり、従属栄養生物は炭素源を他の生物が作った有機物に依存している生物の総称。それぞれ光合成独立栄養、化学合成独立栄養、光合成従属栄養、化学合成従属栄養に分けられる。シアノバクテリア（選択肢③）は、植物や藻類と同様に分子状酸素の発生を伴う光合成独立栄養細菌の一群である。その他は従属栄養生物である。コリネバクテリウム（選択肢①）は、グラム陽性の好気または通性嫌気性の桿菌で、グルタミン酸生産に使われるが（*C. glutamicum*）、ジフテリアや（*C. diphtheriae*）人獣共通感染症の原因菌（*C. ulcerans*）もいる。サルモネラ（選択肢②）はグラム陰性の通性嫌気性桿菌で、細菌性食中毒（感染型）の原因菌。シュードモナス（選択肢④）はグラム陰性の好気性桿菌、マイコプラズマ（選択肢⑤）は細菌に分類されるが通常の細菌とは異なり細胞壁を欠いており、細胞寄生性である。

- □独立栄養
- □従属栄養
- □光合成独立栄養細菌
- □化学合成独立栄養細菌

問 3 正解④　**構造と機能（細菌細胞）**

グラム染色はクリスタルバイオレットなどのロザリニン系色素とヨードの複合体による細菌類の染色法で、紫色に染まるグラム陽性菌と染まらないグラム陰性菌に分類される。基本的には細胞壁のペプチドグリカンを紫色に染める方法である。グラム陽性菌は厚いペプチドグリカン層からなる細胞壁を持ち（選択肢④）、黄色ブドウ球菌や枯草菌、乳酸菌などがある。一方グラム陰性菌は非常に薄いペプチドグリカン層と、さらにリポ多糖（LPS、選択肢①）などよりなる外膜（選択肢③）を有しており、外膜とリポ多糖、リポ多糖と細胞膜との間に隙間（ペリプラズム空間、選択肢⑤）を有している。またリポ多糖は細胞内毒素（選択肢②）であり、発熱性物質（パイロジェン）として様々な生理活性を持つ。

- □グラム陽性細菌
- □グラム陰性細菌
- □ペプチドグリカン
- □リポ多糖
- □細胞内毒素

キ ー ワ ー ド

問 4 正解④ **種類と特徴（ウイルス）**

ウイルスは一本鎖のDNAまたはRNA、あるいは二本鎖DNAまたはRNAを遺伝子として持つ（選択肢①）。自己増殖機能がなく、宿主の生化学システムを利用することで増殖する（選択肢②）。よって、ウイルス粒子内でATPを合成しない（選択肢④）。植物細胞、動物細胞それぞれ特定の宿主に感染する特異性を持つ（選択肢③）。ウイルスのDNA、RNAはタンパク質の殻（カプシド）でおおわれている（選択肢⑤）。日本脳炎、C型肝炎、インフルエンザ、コロナ、白血病、HIV、エボラなど重篤な病原体にはRNAウイルスが多い。

- ウイルス
- DNA
- RNA
- 宿主特異性
- カプシド

問 5 正解⑤ **構造と機能（細胞表層）**

細菌細胞の最外層より外に伸び、タンパク質の重合によりできる繊維として線毛（選択肢d）と鞭毛（選択肢e）がある。前者は宿主との接着や接合伝達、ある種のファージ受容体として機能する。後者は回転によって細胞の泳動に関わる運動器官である。莢膜（選択肢c）はある種の細菌の最外層にあり、主に多糖でできた高分子ゲルである。グラム陰性菌は非常に薄いペプチドグリカン層と、リポ多糖（LPS）などよりなる外膜（選択肢①）を有している。芽胞は生育環境が悪化した時に *Bcillus* 属 ,*Clostridium* 属 , それに *Sarcina* 属 のある菌種のものが体内に形成する耐久性の細胞である。

- 繊毛
- 鞭毛
- 莢膜
- 外膜
- 芽胞

問 6 正解⑤ **構造と機能（核様体）**

核様体は原核生物のDNAの集積部位である。真核細胞とは違って原核細胞は明確な核膜をもたないためこのように呼ばれる。選択肢の中では大腸菌（選択肢⑤）が該当する。ウイロイド（Viroid 選択肢①）は一本鎖環状RNA（250 ～ 400塩基）のみからなる植物病原体であり核様体はない。成熟した赤血球（選択肢④）には核やミトコンドリア、リボゾームはなくほとんどがヘモグロビンタンパクである。

- 核様体
- 原核生物
- 大腸菌

問 7 正解① **構造と機能（細菌細胞）**

リゾチームは多くの生物種がもち、唾液や粘液などの分泌液に含まれる（選択肢②）。細菌細胞壁のペプチドグリカンに存在するN-アセチルムラミン酸とN-アセチルグルコサミンの$\beta 1 \rightarrow 4$結合を加水分解する酵素（選択肢①）で、生体防御に関わる。基質特異性と分子量から幾つかのグループに分けられるが、ニワトリ卵白（選択肢④）やヒト涙にある酵素はキチンも分解する（選択肢②）。T4も含めた幾つかのファージは、宿主細菌内で増殖後、自身のゲノムにコードされるリゾチームを用いて溶菌し、ファージ粒子が放出される（選択肢⑤）。

- リゾチーム
- ペプチドグリカン
- T4 ファージ

問 8 正解⑤ **構造と機能（細胞表層）**

LPSはlipopolysaccharide、すなわちリポ多糖のことで、グラム陰性菌の外膜にあり、リピドAと呼ばれる脂質（選択肢d）と、それ

- LPS
- リポ多糖

に共有結合した各種の糖（選択肢e）から構成されている。菌体内毒素またはエンドトキシンとも呼ばれ、マクロファージなどを活性化して炎症反応を引き起こす。この定量にはカブトガニゲル化試験法（リムルステスト）やその改良比色法が用いられる。

キーワード
- グラム陰性細菌
- 外膜
- エンドトキシン

問9　正解②　**代謝（窒素固定）**

窒素固定細菌とは空気中の窒素を利用して有機窒素化合物のアンモニアを合成できる微生物の総称。マメ科植物の根に共生して窒素固定を行う根粒菌（*Rhizobium*、選択肢e）と単独で窒素固定を行う単生窒素固定菌、例えばアゾトバクター（*Azotobacter*、選択肢a）やクロストリジウム、光合成細菌、シアノバクテリアなどが含まれる。選択肢bの*Acetobacter*は酢酸菌、選択肢cの*Bacillus*は枯草菌、選択肢dの*Escherichia*　は大腸菌のことであり、これらは窒素固定能を持たない。

- 窒素固定
- 根粒菌
- リゾビウム
- アゾトバクター

問10　正解④　**代謝（発酵）**

アセトン・ブタノール醗酵（選択肢①）はクロストリジウム属細菌に見られ、嫌気性条件下で糖からアセトンやブタノールを生成する。アルコール醗酵（選択肢②）は、糖を分解してエタノールと二酸化炭素を生成してエネルギーを得る代謝プロセスで、酸素を必要としない嫌気的な反応である。メタン発酵（選択肢⑤）はメタン生成細菌により、嫌気性条件下で有機物を分解し、メタン及び二酸化炭素を生み出す代謝プロセスである。酢酸発酵（選択肢④）は酸素が必要で、酢酸菌によりエチルアルコールが酸化されてアセトアルデヒドとなり、さらに反応が進み酢酸が生成される。酪酸醗酵（選択肢⑤）はクロストリジウム属などの酪酸菌が嫌気的に行うもので、糖や乳酸から酪酸や二酸化炭素、水素、酢酸などを生成する。

- アルコール発酵
- アセトン・ブタノール発酵
- 酢酸発酵
- メタン発酵
- 酪酸発酵

問11　正解①　**代謝（窒素循環）**

窒素循環に関与する反応として、アンモニアを亜硝酸に酸化したり、亜硝酸を硝酸に酸化したりする硝化（選択肢②）、分子状窒素を還元してアンモニアを生成する窒素固定（選択肢⑤）、窒素固定とは逆に硝酸呼吸による脱窒（選択肢④）、硝酸還元（選択肢③）、生成したアンモニアは植物や微生物によりアミノ酸や有機態窒素に変換され、動物がそれらを摂取して分解する反応などがある。硫黄酸化は硫黄を最終的に硫酸まで酸化することによりエネルギーATPに変換する反応である（選択肢①）。

- 窒素循環
- 硝化
- 硝酸還元
- 脱窒
- 窒素固定

問12　正解②　**増殖（ファージの計数法）**

細菌を宿主にするウィルスがファージ（バクテリオファージ）である。ビルレントファージ数を計数するために、宿主菌を一面に接種した固形培地の上にファージが作ったプラーク（溶菌斑）を計数するのがプラーク計数法である（選択肢②）。酵母などの生菌数を計

- ファージ
- プラーク計数法

キ ー ワ ー ド

数する方法の一つがメチレンブルー染色法であり、生菌は染色されず、死菌は染色されて青くなる（選択肢③）。生菌数測定で最もよく使われる方法がコロニー計数法である（選択肢①）。菌懸濁液の菌体量を入射光に対する透過光の減少率（吸光度）で測定するのが比濁法である（選択肢⑤）。

問13　正解③　**増殖**

□ 世代時間

二分裂をする細菌の細胞数は、液体培地中で一定の条件下であれば時間とともに指数的に増加する対数増殖をし、N_0 個の細胞の n 世代後の細胞数 N_n は、$N_n = N_0 \times 2^n$ で示される。したがって、$50 \times 2^n = 3200$ となり、$n = 6$ となり、60 分 × 4/6 回分裂 = 40 分となる。

問14　正解②　**実験（バイオアッセイ）**

□ バイオアッセイ
□ エイムステスト
□ リムルステスト
□ ペーパーディスク法
□ 抗生物質力価測定

バイオアッセイは、生物材料を使って生物応答を分析する方法で、生物に対して異常を起こす分析、生物に対して効果を示す濃度の測定、生物を使った有毒物質の決定などに利用する。ネズミチフス菌を使った変異原性試験（エイムステスト）（選択肢①）、カブトガニの血液を使った内毒素の定量（リムルステスト）（選択肢③）、特定の乳酸菌の増殖測定によるビオチンの定量（選択肢④）、抗生物質の生物に対する力価測定（選択肢⑤）はすべてバイオアッセイである。バッチ培養は一定容量の液体培地での培養であるので、生物の応答を利用した分析にはならない（選択肢②）。

問15　正解③　**変異（紫外線照射）**

□ チミン二量体
□ 光回回復酵素

DNA に変異を起こしやすい波長は 260nm 付近の紫外線であり（選択肢 a）、これにより DNA の隣り合うチミンが共有結合により二量体になるため（選択肢 d）、DNA 複製が正しく行われず、突然変異が起こる。紫外線によるチミン二量体は可視光によって活性化する光回復酵素により、一量体になる（選択肢 e）。紫外線では DNA のアルキル化や塩基の挿入は起こらない（選択肢 b・c）。

問16　正解④　**変異（栄養要求変異株）**

□ レプリカ法
□ コロニー
□ 完全培地
□ 最少培地

効率的に突然変異株を得るためにレプリカ法が使われる（選択肢②）。栄養要求性の突然変異誘株の取得には、変異誘発処理をした菌体を完全培地の平板培地で培養し、これをマスターとして、そのコロニーを滅菌したビロード布を張り付けた円筒断面を使って最少培地と安全培地に転写する。培養後に両培地上のコロニーを比較して、最少培地では生育しないコロニーが突然変異株となる。最少培地は、生育に必要な最小限の成分は入っている。

キーワード

問17 正解③ **変異（突然変異）**

DNAに変化を生じさせ、正常に複製が起こらない状態にするものが変異原である。ニトロソグアニジンはアルキル化剤でDNA塩基の窒素原子にアルキル基を転移させて突然変異を起こす（選択肢③）。SDS、コレステロール、尿酸はDNAと反応しない。フロンガスは炭素のフッ素の化合物で無毒な物質である。

- □変異原
- □ニトロソグアニジン

問18 正解③ **利用（抗生物質）**

クロラムフェニコールは原核生物のタンパク質合成を阻害する抗生物質である。真核生物のタンパク質合成の阻害にはほとんど影響しない。細菌のタンパク質合成阻害剤として、他にストレプトマイシンがある。

- □抗生物質
- □クロラムフェニコール
- □ストレプトマイシン
- □タンパク質合成阻害

問19 正解④ **利用（アルコール飲料）**

原料中の糖分を直接アルコール発酵するのが単発酵であり、デンプン系の原料を糖化し、その糖をアルコール発酵するのが複発酵である。複発酵には、糖化とアルコール発酵が別々に進む単行複発酵、同時に進む並行複発酵がある。清酒は、コウジカビによる糖化と *Saccharomyces cerevisiae* によるアルコール発酵が醪中で同時に進む並行複発酵酒である。焼酎は並行複発酵で醸したものを蒸留した酒である。

- □発酵酒
- □発酵形式
- □単発酵
- □並行複発酵
- □単行複発酵

問20 正解④ **利用（固定化酵素）**

酵素は通常溶液で使用するが、担体への固定化によって連続利用や再利用が可能となる。酵素を固定化する方法には、共有結合や吸着などで担体に直接結合させる担体結合法、タンパク質の側鎖の官能基と共有結合を形成する化合物で酵素どうしを結合させる架橋法、高分子ゲルの中に酵素を取り込ませる包括法などがある。固定化酵素の担体にはセルロースやデキストリン、シリカゲル、活性炭、磁性粒子や金属（金や銀など）などがある。

- □固定化酵素
- □架橋法
- □担体結合法
- □包括法

問21 正解⑤ **食品の保存（食中毒菌）**

ベロ毒素は大腸菌O-157株が産生する毒素である。大腸菌の菌体外に分泌されるタンパク質であり、アフリカミドリザル由来の培養細胞（Vero（ベロ）細胞）に強い毒性を示すものとして発見された毒素である。カンピロバクターや腸炎ビブリオ菌による食中毒は感染型であり、大腸菌O-157株の産生するベロ毒素をはじめ、ボツリヌス菌の産生するボツリヌス毒素や黄色ブドウ球菌の産生するエンテロトキシンは毒素型の食中毒の原因となる。

- □ベロ毒素
- □毒素型食中毒菌
- □ボツリヌス毒素
- □エンテロトキシン

問22 正解① **食品の保存（殺菌法）**

パスツーリゼーションとは、100℃以下で食品等を加熱殺菌することをいう。低温殺菌ともよばれ、通常60℃～65℃で30分間行う。

- □パスツーリゼーション

キーワード

タンパク質の変性が少ない、風味が損なわれにくい、ワインやビール、清酒などのアルコール分を飛ばさずに殺菌できるなどのメリットがある。選択肢②はオートクレーブ滅菌、選択肢③は感熱滅菌に相当する。選択肢④は糖蔵法とよばれる糖濃度を上げることにより水分活性を下げる貯蔵法であり、選択肢⑤はパスツール効果と呼ばれている酸素により発酵や解糖が抑制される現象のことである。

問23 正解① **食品の保存（保存法）**

□糖蔵
□水分活性

ジャムは加熱による殺菌と加糖による低水分活性状態維持により長期保存を可能としている。微生物の生育は、酸素の有無や温度、pHなどにより影響を受けるが、水分活性も重要な要素である。水分活性は、

水分活性（Aw）＝食品の示す水蒸気圧 / その温度での最大水蒸気圧

で表される。それぞれの微生物には、生育するための最低水分活性が調べられており、一般的な細菌では0.90、酵母では0.88、糸状菌では0.80とされている。野菜や果物、鮮魚などの水分活性が1.0～0.96であるのに対して、ジャムは糖濃度を上げることで水分活性が0.80～0.75と低くなっており、ほとんどの微生物が生育できないため長期保存が可能となっている。

問24 正解② **環境における活動（環境浄化）**

□BOD
□生物化学的酸素要求量

BODは生物化学的酸素要求量（生物化学的酸素消費量）のことで、有機物による排水汚染の指標となる。培養瓶中に排水試料を気泡が残らないよう入れ密栓し、20℃で5日間培養後の排水中の溶存酸素の減少量を測定して求める。単位はmg/Lまたはppmが用いられ、BODの値が大きいほど、排水の有機汚染が進んでいると評価される。

問25 正解① **環境における活動（排水処理）**

□排水処理
□散水ろ床法
□活性汚泥法
□メタン発酵法

散水ろ床法と活性汚泥法は好気的処理法であり、メタン発酵法は嫌気的処理法である。活性汚泥法は曝気槽を含めた大きな設備を必要とするが、比較的低濃度の有機排水処理に適応し、処理速度が速い。また、活性汚泥法は汚泥の発生が多く、余剰汚泥の処理が必要となる。散水ろ床法は設備が簡単で維持管理が容易であり、少量で比較的低濃度の有機排水の処理に適している。メタン発酵法は好気的な処理に比べて処理速度は遅いが、高濃度の有機排水を処理でき、汚泥の発生も少ない。また、発生するメタンガスをエネルギーとして利用することもできる。しかし、プロセスのコントロールが難しく、有毒ガスの発生を伴うこともある。

問26 正解① **食品の保存（HACCP）**

□保存法
□バイオセーフティー
□HACCP

HACCP（選択肢①）とは、食品等事業者が食中毒菌汚染や異物混入等の危害要因（ハザード）を把握した上で、原材料の入荷から製品の出荷に至る全工程の中で、それらの危害要因を除去又は低減

キーワード

させるために特に重要な工程を管理し、製品の安全性を確保しようとする衛生管理の手法のことである。GLP（選択肢②）は、Good Laboratory Practice の略で、「試験検査の業務管理」のことである。MPN 法（選択肢③）は Most Probable Number の略で、生菌数を調べる方法の一つである。バイオオーグメンテーション（選択肢④）は、汚染された土壌等に、培養した微生物を添加し、分解する手法のことである。バイオセーフティ（選択肢⑤）は、感染性微生物や遺伝的改変生物の、研究、商業利用等にあたり、人等の健康や環境保全の確保のことである。

問27 正解③ **種類と特徴（共生）**

マメ科植物であるクローバーと根粒菌との間には、相利共生の関係が成り立っている（選択肢③）。ウイロイドは一本鎖環状 RNA で植物病原体である（選択肢①）。プリオンはプリオン病の病原因子（ヒトにおけるクロイツフェルト・ヤコブ病、ウシにおける狂牛病、ヒツジにおけるスクレイピー）であり、その本体がプリオンタンパク質であると考えられている（選択肢②）。納豆菌は枯草菌の一種であり、ダイズを発酵させたものが納豆である（選択肢④）。ノロウイルスはヒトに嘔吐や下痢を引き起こす急性胃腸炎の原因ウィルスの一つである（選択肢⑤）

- □生理的性質
- □共生
- □根粒菌

問28 正解② **実験（培養・観察）**

白金耳（選択肢 a）は白金で出来た針金に持ち柄を付けたもので、主に微生物の移植に用いる。一般には、白金が高価であるため、コバルトとクロムやニッケルとクロムの合金でできたものを代替白金耳として使用することが多い（扱いやすく廉価である）。先端部の形状は、直径 3 mm 程のループ状になっているものが一般的であるが、一本線のままのもの（白金線；選択肢 b）や、かぎ状にしたもの（白金鈎（はっきんこう）；選択肢 c）などもあり、広義にはすべて白金耳と呼ぶ。また、スプレッダー（選択肢 e）とは、コンラッジ棒とも呼ばれ、寒天培地上に菌液を塗り広げるための器具である。

- □微生物培養
- □器具・機材
- □白金耳
- □スプレッダー（コンラッジ棒）

問29 正解⑤ **滅菌・消毒**

血清や酵素液、ビタミンなどの熱に弱い試薬の滅菌には火炎滅菌（選択肢①）や高圧蒸気滅菌（選択肢③）は利用できない。また同様にガス滅菌（選択肢②）、放射線滅菌（選択肢④）は化学変化が生じるためやはり利用ができない。利用されるのは、ろ過滅菌（選択肢⑤）である。

- □ビタミン
- □ろ過滅菌

問30 正解⑤ **実験（培養・観察）**

内毒素（エンドトキシン）とはグラム陰性細菌の細胞壁成分（リポ多糖）で、体内に入るとショックや発熱などを引き起こす。カブトガニの血液が内毒素と反応して凝固するのを利用した内毒素の定

- □内毒素
- □力価
- □バイオアッセイ

量法をリムルステスト（選択肢⑤）という。アミロ法（選択肢①）はアルコール製造法の一種で、アミロ菌（ムコール属やリゾープス属）によりデンプンの糖化を、酵母によりアルコール醗酵を行う。エイムス試験（選択肢②）は変異原性の検出法である。ペニシリンカップ法（選択肢④）は抗生物質の力価測定法の一つである。

キーワード

□ リムルステスト

分子生物学

キーワード

問31 正解③ **細胞小器官**

真核生物の細胞小器官である葉緑体やミトコンドリア（選択肢 b,c）は、それぞれ独自のDNAを持ち細胞内で増殖することから、異種生物が細胞内に取り込まれて細胞内で共生するようになったものであるという細胞内共生説が考えられた。

- □小胞体
- □ミトコンドリア
- □葉緑体
- □リボソーム
- □リソソーム

問32 正解① **細胞と遺伝（ヒトの染色体）**

ヒトの染色体数は46本であり、父親・母親それぞれから23本ずつが由来する（選択肢④）。44本が常染色体（選択肢②）、2本が性染色体（X染色体　Y染色体）（選択肢⑤）である。卵子、精子では、減数分裂により染色体数は半分（23本）である（選択肢③）。染色体の構造は、中心にセントロメア、末端部にテロメア（選択肢①）を持つ。

- □常染色体
- □性染色体
- □相同染色体
- □セントロメア
- □テロメア

問33 正解⑤ **細胞と遺伝（遺伝子の本体）**

アベリーは、2種類の肺炎双球菌（選択肢a）を用いてDNAが遺伝物質の本体であることを示す実験を行った。「すりつぶしたS型菌（病原性）」と、「生きたR型菌（非病原性）」を混ぜると（選択肢b）R型菌が形質転換を起こし、S型菌が現れた。また、タンパク質分解酵素で処理をした「すりつぶしたS型菌」と「生きたR型菌」を混ぜるとR型菌が形質転換を起こし、S型菌が現れた。そして、DNA分解酵素処理をした「すりつぶしたS型菌」と「生きたR型菌」を混ぜてもR型菌に形質転換は起こらなかった。

- □アベリーの実験
- □肺炎双球菌（R型菌とS型菌）

問34 正解② **染色体**

真核生物のクロマチンはヒストン八量体がDNAに巻きついたヌクレオソームという構造を基本にしている（選択肢a・b・e）。染色体の末端部はテロメアという（選択肢c）。

- □クロマチン
- □ヌクレオソーム
- □ヒストン

問35 正解① **核酸（DNAの変性）**

二本鎖DNAの水素結合が切れて一本鎖DNAになることをDNAの変性という。DNAの溶けている溶液を熱すると変性が進む（選択肢a）。DNAの水素結合を切るような化合物（尿素など）や高いpH（選択肢a）処理でも変性が起こる。

- □DNA
- □塩基対
- □水素結合
- □変性
- □一本鎖DNA

キーワード

問36　正解①　　　核酸（DNA の相補性）

DNA の 50%が変性する温度を融解温度 T_m という。二本鎖 DNA の水素結合は弱く、水素結合は A:T 対で 2 個、G:C 対では 3 個なので、G:C 対の方が安定である。そのため、C、G の割合が多いほど T_m が高くなる。① 10/15　② 8/15　③ 3/15　④ 4/15　⑤ 6/15 であり、①が最も C、G の割合が多いので、Tm が高いことになる。

□変性
□塩基対
□水素結合
□ A ＝ T
□ C ≡ G
□ T_m

問37　正解①　　　核酸（DNA の物理的性質）

熱変性をした DNA をゆっくり冷ますと一本鎖 DNA の相補的な塩基同士が再び水素結合をつくり、もとと同じ二本鎖 DNA ができる。これをアニーリング（選択肢①）という。クローニング（選択肢②）は、遺伝子組換え操作で目的遺伝子 /DNA を単離する操作である。シークエンシング（選択肢③）は、DNA を構成する塩基配列を決定することである。スクリーニング（選択肢④）は特定の条件に合う対象を選択することである。遺伝子のターゲッティング（選択肢⑤）は染色体上の目的遺伝子を破壊したり改変したりすることである。

□変性
□アニーリング

問38　正解②　　　細胞と遺伝（メンデルの法則）

F2 世代の遺伝子型は AA:Aa:aa＝1：2：1 となり、雑種第二代で現れる潜性形質の割合は 1/4 × 100＝25%（選択肢②）となる。F1 世代でみられなかった劣勢の形質が F2 世代で分離して現れる現象を分離の法則という。

□対立形質
□顕性（優性）
□潜性（劣性）

問39　正解③　　　遺伝子（1 塩基変異）

1 塩基が変化することでアミノ酸をもたないナンセンスコドンになり、翻訳を停止する終始コドン（UAA　UAG　UGA）となる。サイレント変異（選択肢①）はアミノ酸配列に影響のない変異、ミスセンス変異（選択肢⑤）はアミノ酸が置き換わる変異、フレームシフト変異（選択肢④）は読み枠のすれによるアミノ酸をコードする配列が変化する変異、ナンセンス変異（選択肢③）はアミノ酸のコードが終始コドンに変化する変異である。フレームシフト変異で読み枠のずれにより、コドンが終始コドンに変わることもある。

□サイレント変異
□サプレッサー変異
□ナンセンス変異
□フレームシフト変異
□ミスセンス変異

問40　正解③　　　遺伝子（DNA の複製）

DNA には複製を開始する複製開始点がある。複製が進むために DNA ヘリカーゼが関与して DNA が一本鎖に変性する（選択肢①）。複製が進んでいる部分を複製フォークと呼ぶ。DNA 複製は複製開始点からフォークが両方向に伸び、鋳型 DNA の 3' 方向と 5' 方向に合成される鎖をラギング鎖とリーディング鎖という。そして、DNA 鎖は 5' → 3' 方向にしか伸びない（選択肢③）。リーディング鎖はフォークの進行と新生 DNA の伸長方向は一致する（選択肢④）。ラギング鎖では短い DNA 断片（岡崎フラグメント）ができ（選択肢②）、その後 DNA リガーゼによりつながる。DNA の複製では、新しい二本鎖 DNA の一本鎖が元の DNA 由来である半保存的複製となっている（選択肢⑤）。

□半保存的複製
□複製フォーク
□鋳型 DNA
□リーディング鎖
□ラギング鎖
□岡崎フラグメント

キーワード

問41 正解④ **tRNA（転移 RNA）**

tRNA はアミノ酸に結合し（選択肢 c）、3 個のステムループを持つ。2 次構造としてクローバー葉構造を取る。そして、mRNA のコドンと対応するアンチコドンを持つ（選択肢 d）。リボソームは多種のタンパク質と rRNA から出来ている。

□ tRNA
□ コドン
□ アンチコドン

問42 正解④ **RNA（終止コドン）**

アミノ酸を指定するトリプレットをコドンという。翻訳は開始コドン（AUG）から始まる読み枠でタンパク質がつくられる。アミノ酸を指定するアミノ酸をもたない 3 つのナンセンスコドン UAA、UAG（選択肢④）、UGA がタンパク質のリーディングフレームでは翻訳の停止を意味する終止コドンである。

□ 終止コドン（UAA、UAG、UGA）
□ 開始コドン（AUG）

問43 正解⑤ **RNA（転写産物の加工）**

触媒能（酵素活性）をもつ RNA をリボザイム（選択肢⑤）といい、RNA の切断や連結などの反応を触媒する。アイソザイム（選択肢①）とは、タンパク質としては別であるけれども酵素としての活性がほぼ同じ酵素である。シャペロニン（選択肢③）は、タンパク質のフォールディングを助けるすべての細胞に必須の分子シャペロンの一つである。

□ アイソザイム

問44 正解② **遺伝子組換え**

制限酵素は DNA の塩基配列特異的に切断するエンドヌクレアーゼ（ホスホジエステル結合の加水分解を触媒する酵素）である。細菌がファージから自身を守る現象に制限酵素が関わる（選択肢 d）。EcoR Ⅰは、大腸菌由来の制限酵素である（選択肢 b）。制限酵素を持つ細菌は DNA のメチル化酵素を持つ。制限酵素の認識配列の多くがパリンドローム（回文）になっている。制限酵素の活性には Mg^{2+} 等の二価イオンが必要である（選択肢 c）。

□ 制限酵素

問45 正解⑤ **遺伝子組換え**

目的とする DNA を組み込むことができ、宿主細胞に導入するための DNA がベクターである。ベクターに組み込まれる DNA をインサートという。ベクターに必要な基本構造として、1）インサートを組み込める制限酵素部位がある、2）宿主で増えるための複製開始点（ori）がある、3）目的にあった遺伝子や制御配列がある、4）選択マーカーがある。

□ ベクター
□ 制限酵素

問46 正解① **遺伝子組換え**

ベクターには 1）細胞に入ったかどうかを識別するもの、2）目的 DNA をもつクローンかどうかを判定するためのもの、がある。その際使われる遺伝子の一つとして薬剤耐性遺伝子がある。薬剤耐性遺伝子の産物の一つに β-ラクタマーゼがある（選択肢①）。R 因子（選

□ 薬剤耐性遺伝子

択肢②）は薬剤耐性プラスミドであり、薬剤耐性遺伝子が乗っているプラスミドである。クレアリンキナーゼ（選択肢③）は、筋肉にあるエネルギー代謝に関与する酵素である。

問47 正解④ **遺伝情報（転写）**

ラクトースがあると代謝に関与するβ-ガラクトシダーゼがオペロンとして発現し、ラクトースがないとこのオペロンは発現しない。プロモーターの上流にある遺伝子のつくるタンパク質であるリプレッサーがプロモーター直下のオペレーターに結合して（選択肢c）RNAポリメラーゼの働きを阻害するため（選択肢d）酵素がつくられない。

キーワード
□リプレッサー
□ラクトースオペロン
□RNAポリメラーゼ

問48 正解② **遺伝情報（転写）**

プロモーターは転写を開始するDNA構造で、RNAポリメラーゼが結合する。大腸菌（原核生物）ではσ因子（選択肢②）を持つRNAポリメラーゼホロ酵素が結合する。TATAボックス（選択肢①）は真核生物の転写開始部位の上流にある配列で転写因子の一つである。RNA合成後に内部の取り除かれるのがスプライシングで、切り捨てられる部分をイントロン、残ってつなげられる部分がエキソン（選択肢③）である。転写を抑える配列がサイレンサー（選択肢⑤）である。

□プロモーター
□TATAボックス
□σ因子

問49 正解④ **真核細胞の転写**

レポーター遺伝子は、ある遺伝子がいつどこでどのくらい発現しているかを判別するための遺伝子のことである。目的遺伝子の発現量を定量的に調べて、遺伝子の発現調節の研究でマーカーとして使われる。例として、GFP（緑色蛍光タンパク質）がある。

□レポーター遺伝子

問50 正解② **真核細胞の転写**

リンパ球で発現する抗体遺伝子のある部分を除くと転写の低下がみられる。このような特異的転写の活性化に必要なDNA領域をエンハンサーという。エンハンサーは主に遺伝子の上流や下流に位置し、さまざまなDNA配列からなり、遺伝子の転写効率を高めたり、誘導や特異的発現に関与したりする。

□エンハンサー
□転写

問51 正解③ **RNAの種類と機能**

snRNAはスプライシングを行うスプライソソームを構成するRNAで、スプライシング制御に関与する（選択肢③）。mRNAはタンパク質合成の鋳型、tRNAは別名転移RNAでアミノ酸を結合し、リボソームに運ぶ。

□mRNA
□tRNA
□スプライシング
□リボソーム

キーワード

問52 正解⑤ **タンパク質の合成**

翻訳は開始コドン（AUG）が指定するアミノ酸で始まる。原核生物ではホルミルメチオニン、真核生物ではメチオニンである。

□開始コドン（AUG）
□翻訳

問53 正解⑤ **タンパク質の合成**

翻訳の過程で生じたリボソーム（選択肢⑤）上のペプチド鎖が結合したペプチジル tRNA から次のアミノアシル tRNA へとペプチドが転移し、タンパク合成が進む過程で働く酵素がペプチジル転移酵素といい、この反応がペプチジル転移反応である。

□ペプチジル転移反応
□リボソーム

問54 正解③ **タンパク質の修飾**

合成されたばかりのタンパク質は翻訳後の加工や修飾によって構造が変わる。タンパク質の翻訳後修飾は 1）タンパク質の部分切断、2）アミノ酸側鎖の化学的変化、3）スプライシングがある。2）には特定アミノ酸側鎖のリン酸化、糖鎖や小型タンパク質の付加などがある。溶原化（選択肢③）は、テンペレートファージが宿主に感染後宿主 DNA に組み込まれ溶原菌となることである。

□リン酸化
□メチル化
□操作の付加
□タンパク質の部分切断

問55 正解① **タンパク質の構造**

最終的なタンパク質の立体構造は、アミノ酸配列とアミノ酸同士の水素結合（選択肢②）、疎水結合（選択肢③）、ファンデルワールス力（選択肢⑤）などの相互作用で決まる。ジスルフィド結合（選択肢⑤）は S-S 結合とも言い、システイン残基間の共有結合である。

□ジスルフィド結合
□水素結合

問56 正解⑤ **免疫応答（抗体）**

免疫グロブリンには 5 つのクラスがあり、そのうち IgM は B 細胞の分化の最初に合成され、B 細胞が活性化されると五量体として分泌される（選択肢⑤）。その後、クラススイッチが起きて IgA、IgG、IgE などが合成される。IgM は単量体として分泌される IgG よりも抗原に対する親和性が低いとされるが、五量体化することでその結合力を補うとする考え方がある。

□抗体（IgA、IgD、IgE、IgG、IgM）

問57 正解② **免疫グロブリンの構造**

抗体分子である免疫グロブリンは H 鎖（H; heavy）と L 鎖（L;light）から構成される（選択肢②）。H 鎖と L 鎖の結合には水素結合やジスルフィド結合などがある。H 鎖と L 鎖の両方に様々な抗原を認識する可変領域と、共通構造をもつ定常領域があるが（選択肢③）。H 鎖の定常領域には糖鎖が付加される部位がある（選択肢①）。H 鎖の定常領域のみからなる部分は Fc 部位と呼ばれ、その部分を認識する受容体が幾つかの免疫細胞に発現しており（選択肢④）、それらの結合により様々な免疫反応が起きる。

□免疫グロブリン
□定常領域
□可変領域
□H 鎖
□L 鎖

キーワード

問58　正解④　免疫担当細胞

B 細胞は抗原刺激により最終的に抗体分子を大量に分泌するプラズマ（形質）細胞に分化する（選択肢④)。ES 細胞（選択肢①）または胚性幹細胞（選択肢⑤）は初期胚の細胞を取り出し、あらゆる細胞に分化できる能力をもった細胞である。NK（ナチュラルキラー）細胞（選択肢②）は抗原刺激を必要とせずにがん細胞やウイルス感染細胞を殺傷する自然免疫リンパ球である。T 細胞（選択肢③）はT 細胞受容体を介して異物を認識し、それを排除するための免疫反応を開始・調節する細胞である。

- □ B 細胞
- □ NK 細胞
- □ T 細胞
- □ マクロファージ

問59　正解③　抗原と抗体

樹状細胞、マクロファージ、B 細胞の抗原提示細胞は、主要組織適合抗原（選択肢①）と抗原ペプチドとの複合体が T 細胞受容体（選択肢①）により認識されて免疫反応が開始する。補体（選択肢②）は 9 種類のタンパク質から構成され、自然免疫に関わる免疫系である。モノクローナル抗体（選択肢⑤）は 1 種類の抗体産生細胞から得られる抗体、ポリクローナル抗体（選択肢④）は一つの抗原に対して異なる部位を認識する抗体群である。

- □ T 細胞
- □ 主要組織適合抗原
- □ 補体

問60　正解④　異物認識（アレルギー）

アレルギー性疾患の原因となるのはヒスタミン（選択肢④）である。神経伝達物質としての機能もあり、食中毒の原因となることもある。アルブミン（選択肢①）は血清や卵白に含まれるタンパク質、グルタミン（選択肢②）はアミノ酸の 1 種、コバラミン（選択肢③）はビタミン B_{12} の別名、ピリドキサールリン酸（選択肢⑤）はアミノ基転移反応などに関わる酵素の補酵素で、何れもアレルギー反応と直接の関わりはない。

- □ アレルギー

遺伝子工学

キーワード

問61 正解④ **核酸の構造**

二本鎖DNAまたは一本鎖DNAの両末端が共有結合により、環状となったものを環状DNAという。原核生物の染色体やプラスミド、ミトコンドリアの葉緑体のDNAは多くの場合環状DNAで、超らせん構造をとる（選択肢②・⑤）。二本鎖DNAの場合には、両鎖中に切れ目のない閉環状DNA（cccDNA、選択肢④）と鎖中に切れ目やギャップのある開環状DNA（ocDNA）に分けられる。ウイルスは一本鎖または二本鎖の、DNAまたはRNAをゲノムとしてもち、一本鎖の環状DNAの場合もある（選択肢①）。環状DNAと直鎖状DNAは、分子の形状が異なるために電気泳動では、異なる移動度を示す（選択肢③）。

- □ 環状二本鎖DNA
- □ cccDNA

問62 正解③ **核酸の構造**

ステムループは、一本鎖の核酸分子内に形成され、逆方向反復配列間で水素結合によって生じる二本鎖の部分（ステム）とそれに挟まれたループの部分から成る構造である（選択肢①）。触媒能をもつRNAはリボザイムで、その構造中にステムループが存在する（選択肢②）。一般的なtRNAには3つのステムループ構造があり、そのうちの一つのループにアンチコドンがある（選択肢④）。また原核生物のmRNAの5' 端近傍にも存在し、翻訳調節に関わる場合がある（選択肢⑤）。トランスポゾンの末端には逆方向反復配列があり（選択肢③）、ステムループではない。

- □ ステムループ

問63 正解② **核酸の構造**

DNase処理やDNA損傷により、二本鎖DNAの片方の鎖に切れ目が入った場合の切れ目をニックという（選択肢②）。DNAからプリン塩基またはピリミジン塩基が脱離したものはアプリン酸またはアピリミジン酸という（選択肢①）。イントロンが除去されて成熟RNAが生じることをスプライシングという（選択肢④）。DNAに紫外線照射されて生じる損傷DNAは主にチミンダイマーが生じる（選択肢⑤）。

- □ ニック

問64 正解④ **遺伝子工学用酵素**

制限酵素は、二本鎖DNAの3～8塩基から成る特異的配列を識別し、二本鎖DNAを切断する酵素である。その切断点は、5' あるいは3' 末端が一本鎖として突出した構造（付着末端）、あるいは末端に一本鎖のない構造（平滑末端）となる。制限酵素は、組換えDNA実験や遺伝子解析に繁用される。

- □ 制限酵素
- □ 付着末端
- □ 平滑末端

キーワード

問65 正解⑤ **遺伝子工学用酵素**

逆転写酵素は、RNAを鋳型にしてDNAを合成する酵素で（選択肢⑤）、レトロウイルス中から発見された。反応にDNAあるいはRNAプライマーを必要とし、プライマーの3'‐OH末端にデオキシヌクレオチドを重合させることにより、鋳型RNAに相補的な配列を持つDNAを合成する。DNAやRNAを末端から分解してヌクレオチドを生じるのはエキソヌクレアーゼ（選択肢②・④）である。DNAを鋳型にしてRNAを合成するのは、DNAポリメラーゼである（選択肢③）。

- □逆転写酵素

問66 正解① **遺伝子組換え実験**

ライゲーションは一般に連結反応のことで（選択肢②）、酵素であるリガーゼにより触媒される（選択肢③）。組換えDNA実験では、ベクターDNAに目的DNA断片をDNAリガーゼによって行う（選択肢④）。細胞内ではDNA複製の際にラギング鎖の合成で生じる岡崎フラグメントを連結する反応が行われる（選択肢⑤）。連結産物が直接細胞外に分泌される減少は知られていない（選択肢①）。

- □ライゲーション
- □DNAリガーゼ
- □岡崎フラグメント

問67 正解② **染色体外DNA**

プラスミドは、細菌の染色体外遺伝因子の一つで（選択肢①）、宿主染色体とは独立して自律的に複製する遺伝因子である。複数コピー存在することもある（選択肢③）。接合伝達に関わるプラスミドも知られている（選択肢⑤）。遺伝子クローニングでは、外来遺伝子を細胞内に導入するためのベクターとして利用される（選択肢④）。外毒素は細菌が産生する細胞外分泌毒素の総称で、プラスミドにその機能は知られていない（選択肢①）。

- □プラスミド
- □ベクター
- □接合

問68 正解④ **ベクター**

in vitro パッケージングは、ファージのDNAとファージ構造タンパク質とを集合させて、感染能を持つファージを試験管内で再構成させる方法で,試験管内パッケージングとも呼ばれる（選択肢①）。パッケージングされたファージ粒子は感染性をもつ（選択肢②）。λファージベクターでは、cos部位が認識されてパッケージングされる（選択肢⑤）。ゲノムやcDNAライブラリーを作成する際に用いられる（選択肢③）。RNAワクチンは新型コロナウイルスに対して初めて開発されたが、その製造過程でファージ粒子の形成は行われない（選択肢④）。

- □インビトロ（*in vitro*）パッケージング
- □*cos*部位

問69 正解① **形質転換**

形質転換やトランスフェクションの際に、外来のDNA（プラスミドなど）を取り込みうる状態になった細胞をコンピテントセルという。多くは、大腸菌へ遺伝子導入を行う時に用いる菌体の意味で使用される。大腸菌の場合は、菌をカルシウム溶液で処理する方法（塩化カルシウム法、選択肢①）、ルビジウム溶液を用いる方法（塩

- □コンピテントセル
- □塩化カルシウム法

キーワード

化ルビジウム法）がある。

問70 正解⑤ **ベクター**

lacZ 遺伝子は β ガラクトシダーゼをコードする。細胞内ではラクトースの分解を行うが、人工基質としてラクトース誘導体の X-gal（選択肢⑤）が用いられると、青色を呈する生成物が生じる。組換え DNA 実験では、その遺伝子をベクターに連結し、遺伝子内にクローニング部位を設け、目的 DNA 断片を連結する。そのようにしてできた組換え DNA ベクターを大腸菌内に導入すれば、β ガラクトシダーゼ活性を失うため、X-gal を含む寒天培地上では青色を呈さないため、組換え体を含むコロニーの選別に用いられる。

□ lacZ
□ X-gal

問71 正解④ **遺伝子工学用酵素**

RnaseH は，基質である RNA-DNA ハイブリッドの RNA のみを分解する酵素である（選択肢④）。このため cDNA ライブラリーの調製において，RNA を鋳型とし逆転写酵素反応の中間体として合成された RNA-DNA ハイブリッドから一本鎖の cDNA を調製することが出来る。BAP はアルカリホスファターゼ（選択肢①）、RNA ポリメラーゼ II は真核生物の mRNA の前駆体などを合成する酵素（選択肢②）、RNaseA は一本鎖 RNA を分解する酵素（選択肢③）、Taq DNA ポリメラーゼは PCR などに用いられる DNA ポリメラーゼである（選択肢⑤）。

□ RNaseH

問72 正解④ **ハイブリダイゼーション**

プライムラベル法とは、標識 DNA プローブの調製の一つで，プライマーとして 5-9 塩基のランダムオリゴヌクレオチドを用い、^{32}P などの放射性ヌクレオチドあるいは蛍光標識ヌクレオチドをプローブ DNA に取り込ませ標識する。この反応では DNA 合成活性を有している Klenow フラグメントを使用する（選択肢④）。DNaseI（選択肢①）はニックトランスレーション法に、アルカリホスファターゼ（選択肢②）は 5' 末端のリン酸基の除去に、RNA ポリメラーゼ（選択肢③）は DNA を鋳型として RNA 合成に用いられる。プライマー合成酵素（選択肢⑤）は細胞内での DNA 複製に必要なプラーマーを合成する酵素である。

□ ランダムプライムラベル法（マルチプライムラベル法）

問73 正解⑤ **ベクター**

プラスミド（選択肢③）は 10 kbp 程度まで、λ ファージ（選択肢②）は約 10 ～ 20 kbp 程度、コスミド（選択肢①）は約 50 kbp までの DNA 断片挿入に使用される。Bacterial Artificial Chromosome（BAC、選択肢④）は大腸菌内で用いる人工染色体ベクターで 300 kbp 程度まで，Yeast Artificial Chromosome（YAC、選択肢⑤）は酵母を用いた人工染色体ベクターで、1 Mbp を超える程度までクローニングできる。

□ YAC
□ BAC

キーワード

問74 正解① **核酸の抽出**

核酸抽出において混入しているタンパク質を変性除去するためフェノール抽出を行う。タンパク質は抽出中にフェノールにより変性し不溶化する。抽出後遠心分離を行うと、上層の水相に核酸が溶解し，下層のフェノール相との界面に不溶化したタンパク質が白い沈殿として観察される（選択肢①)。

□ フェノール抽出

問75 正解⑤ **核酸の抽出**

DNAは塩基に由来する260 nm（A_{260}）付近に極大吸収を持ち，タンパク質は芳香族アミノ酸に由来する280 nm（A_{280}）付近に極大吸収を持つ。高純度のDNAは、A_{260}/A_{280}は，約1.8となる（選択肢⑤)。比が1.8よりも低い場合は，タンパク質やフェノールの混入があると推定される。

□ A_{260}/A_{28}

問76 正解⑤ **核酸の抽出**

RNA抽出では、サンプル中あるいは実験者の唾液や汗から混入するRNaseを不活化する必要がある。Diethylpyrocarbonate（DEPC）はRNaseの活性中心にあるヒスチジン残基を修飾することにより、RNaseを不活化する（選択肢⑤)。DEPCにpHを変える作用はなく（選択肢①)、RNAの溶解性にも影響しない（選択肢②)。タンパク質の除去にはフェノールが用いられる（選択肢③)。DNAの除去には，RNaseフリーのDNaseが用いられる（選択肢④)。

□ 核酸の抽出（RNA抽出）
□ DEPC処理水

問77 正解② **核酸の検出**

核酸は中性付近の水溶液でリン酸基が水素を離すことでマイナスに荷電するため、電気泳動によりプラス極側に移動し、アガロースゲル中でDNA分子の長さによって分離される。

□ アガロースゲル電気泳動

問78 正解③ **塩基配列解析**

DNAの塩基配列を解析するサンガー法（ジデオキシ法）においてddNTPはDNAポリメラーゼの基質類似体となり、伸長途上のDNA鎖の3'末端に取り込まれる。ddNTPは3'水酸基をもたないため（選択肢③)、これ以後の3'-5'ホスホジエステル結合が形成されないので、鎖伸長のターミネーターとして作用する。その長さを解析することにより塩基配列解析を行う。

□ サンガー（ジデオキシ）法
□ ddNTP

問79 正解② **DNAの吸収波長**

DNAは構造中にプリン塩基やピリミジン塩基をもっており、プリン環やピリミジン環は260 nmで吸収極大を示す（選択肢②)。なお、タンパク質中の芳香族アミノ酸、特にトリプトファンは280 nm付近に極大吸収を持っている。

□ 紫外部（260 nm）吸収
□ 極大吸収

キーワード

問80 正解② **核酸修飾酵素**

□ DNA ポリメラーゼ

DNA 複製を行うための DNA ポリメラーゼを活性化するために必要なイオンはマグネシウムイオン（Mg^{2+}）で（選択肢②)、dNTP の取込みを補助する役割を持つ。多くの制限酵素もその活性発現には Mg^{2+} 要求性を示す。

問81 正解① **抗体産生細胞のスクリーニング**

□ モノクローナル抗体
□ ELISA

ハイブリドーマ技術を使用してモノクローナル抗体を作製する際、ハイブリドーマ細胞の選別は抗原刺激による特異的な抗体産生を基準に行われる。抗原に対する特異的な結合能を持つハイブリドーマ細胞を選別するために、ELISA（選択肢①）や免疫組織染色などを使用する。PEG（ポリエチレングリコール）法（選択肢②）は細胞融合などに、ノーザンブロット法（選択肢③）はアガロースゲル電気泳動後の RNA の検出に、ハナハン法（選択肢④）はコンピテントセルの作製に、パルスフィールドゲル電気泳動（選択肢⑤）は数十 kbp 以上の長さの DNA の鎖長解析に用いられる。

問82 正解③ **モノクローナル抗体作製技術**

□ 脾臓細胞
□ ハイブリドーマ

ハイブリドーマとは種類の異なる二つの細胞を人工的に融合させてできる雑種腫瘍細胞で、多くの場合、無限増殖能と抗体産生能を兼ね備えたモノクローナル抗体産生細胞をさす。その作製のためには、抗体産生細胞を多く含む脾臓細胞（選択肢③）とミエローマ細胞とを細胞融合させる。

問83 正解② **モノクローナル抗体作製技術**

□ サルベージ経路
□ *de novo* 経路

ヌクレオチドの合成には、*de novo* 経路とサルベージ経路の二つがある。ミエローマ細胞はその *de novo* 経路（選択肢 a）と無限増殖能をもつが（選択肢 e)、サルベージ経路を欠損している（選択肢 d)。またアミノプテリン（A）存在下では *de novo* 合成経路が阻害されるため、HAT 培地では増殖できない。そこで脾臓細胞と融合し、サルベージ経路を獲得すれば、ヒポキサンチン（H）とチミジン（T）を取り込むことによってヌクレオチド合成が可能となり、無限増殖能と抗体産生能を併せもつハイブリドーマを選別できる。

問84 正解③ **遺伝子導入動物**

□ スーパーマウス
□ トランスジェニックマウス

外来遺伝子を発生初期に導入して得られるマウスはトランスジェニックマウス（選択肢 c）と呼ばれる。そのうち、成長ホルモンの遺伝子を導入して通常より 2 倍ほど大きくなるマウスはスーパーマウス（選択肢 b）である。逆に、ある遺伝子機能の発現を欠損させたマウスはノックアウトマウス（選択肢 e）である。キメラマウス（選択肢 a）は二つ以上の異なった遺伝子型の細胞、または異なった種の細胞から作られたマウスである。ヌードマウス（選択肢 d）は先天性胸腺欠損マウスで、胸腺欠損と体毛欠損が形質として発現される。

キーワード

問85 正解③ 遺伝子導入（幹細胞）

iPS細胞（induced pluripotent stem cell）は人工多能性幹細胞ともいい、体細胞にいくつかの因子を導入して作製された多能性幹細胞で（選択肢③）、様々な組織や臓器の細胞に分化する（選択肢①）。初期胚細胞を用いて作製されるのはES細胞である。ほぼ無限に増殖する能力をもつため（選択肢②）、損傷組織修復などの再生医療への利用（選択肢④）や治療薬候補のスクリーニング（選択肢⑤）の利用が試みられている。

□ iPS細胞

問86 正解③ 遺伝子導入法

Cas9ヌクレアーゼやガイドRNAなどのゲノム編集ツールは、小ガラス管を用いたマイクロインジェクション法（選択肢③）により細胞内に注入される。エレクトロポレーション法（選択肢①）は高電圧パルスをかけてDNAを細胞内に入れたり、高周波交流電圧をかけて細胞融合などに用いられる。パーティクルガン法（選択肢②）はDNA溶液が付着した金またはタングステンの微粒子を細胞に打ち込みDNAを取り込ませる方法、リポフェクション法（選択肢④）はDNAを内包した脂質膜小胞を、リン酸カルシウム法（選択肢⑤）はリン酸カルシウムとDNAの複合体を形成させ、それらを細胞に取り込ませることによりDNAを導入する方法である。

□ マイクロインジェクション法

問87 正解④ 植物の組織培養

植物がウイルスに全身感染していても茎頂にはウイルスが存在しないので、茎頂を切り取って培養する茎頂培養を行えば、ウイルスに感染していない植物が得られる（選択肢④）。半数体、すなわち染色体数が半分の植物を得るには、減数分裂後の花粉あるいは花粉を含む葯を培養する（選択肢①・⑤）。カルス培養（選択肢③）は、分化した植物組織の一部を適切な培地で培養して、脱分化した無定型の組織塊を得る方法である。胚培養（選択肢②）は、種子から胚を取り出して培養し、雑種の植物個体へ育成させる方法で、ハクサイとキャベツの雑種ハクランなど、多数の雑種植物が作られてきた。

□ ウイルスフリー株
□ 茎頂培養

問88 正解① 植物成長・開花調節

ジベレリンは植物ホルモンの一種で（選択肢②）、成長促進（選択肢⑤）、休眠打破、単為結果（選択肢④）などを促進する。この物質は、イネばか苗病の原因糸状菌により産生される（選択肢③）。果実の成熟、老化、発芽の促進作用を持つのは、ジベレリンではなく、エチレンである（選択肢①）。

□ ジベレリン
□ 植物成長調節物質（植物ホルモン）

問89 正解⑤ 植物の遺伝子導入

リーフディスク法は植物の形質転換法で、Tiプラスミド中の遺伝子導入に必要な領域をもつバイナリーベクター（選択肢⑤）が用いられる。BACは大腸菌の細胞内でクローニングするための人工染色体ベクター、pUC系ベクター（選択肢②）は大腸菌のプラスミドベ

□ リーフディスク法
□ バイナリーベクター

キーワード

クター、コスミドベクター（選択肢④）は大腸菌 λ ファージの *cos* 部位をもったプラスミドベクターである。

問90 正解①　　**植物の遺伝子導入**

Ti プラスミド中の T-DNA 領域にはサイトカイニン合成酵素遺伝子（選択肢 a）とオーキシン合成酵素遺伝子（選択肢 b）を含まれ、その領域が植物に導入されてそれら植物ホルモンの作用によってクラウンゴールが形成される。GUS 遺伝子（選択肢 c）は β グルクロニダーゼをコードする遺伝子である。

□ T-DNA
□ オーキシン
□ サイトカイニン

バイオテクノロジー総論

キーワード

問1　正解③　**吸光光度法**

溶液中を光が通過する時、光を吸収する物質濃度が高いほど出てくる光は弱くなる。出てくる光の割合すなわち「透過光／入射光」を透過率という（選択肢③）。透過率の逆数の対数が吸光度であり、吸光度は溶液濃度と光路長に比例する（選択肢①・②）。これをランベルト・ベールの法則といい、A（吸光度）$=\varepsilon$（モル吸光係数）× C（モル濃度）× L（光路長 cm）で示される。モル吸光係数は物質固有の値である（選択肢④）。試料に濁りがあると散乱が生じて吸光度が高く表示される（選択肢⑤）。セルに汚れや傷があると同様な結果となり注意が必要である。

□吸光度
□透過率
□モル吸光係数

問2　正解①　**吸光光度法**

表に示されたA溶液の濃度と吸光度の結果から、吸光度Aは0.1～1.0 mol/Lの間で溶液の濃度X（mol/L）と比例関係にあり、$A=1/2 \times X$で示される。よって吸光度0.32の時の濃度（mol/L）は$0.32=1/2 \times X$より、$X=0.64$（選択肢①）となる。

□吸光度
□モル吸光係数

問3　正解③　**分離分析法（ガスクロマトグラフィー）**

ガスクロマトグラフィーでは移動相に窒素やヘリウムなどの気体を用いる（選択肢a）。これらのガスはボンベに高圧充填されており、圧力調整弁によって送出流量がコントロールされるので、ポンプを利用することはない（選択肢b）。キャピラリーカラムは内径1mm以下で長さ5～100 m程度のガラス管の内面に固定相がコーティングされたものであり、分離性能が高いので汎用されている（選択肢d）。検出にはFID（水素炎イオン化検出器）やTCD（熱伝導度検出器）等が用いられ、示差屈折率（RI）検出器は液体クロマトグラフィーに用いられる（選択肢c）。移動相の流速を下げると、保持時間は長くなる（選択肢e）。

問4　正解④　**分離分析法（ゲルろ過クロマトグラフィー）**

ゲルろ過クロマトグラフィーは、分子ふるいクロマトグラフィーともいう（選択肢①）。固定相は多孔性シリカもしくは高分子のゲルで、ゲル内は立体的な網目構造になっている（選択肢②）。溶質分子がゲルの細孔中に拡散する程度が異なることを利用して分離する（選択肢③）。ゲルの細孔に入る限界の大きさを排除限界といい、これより小さい分子はゲル細孔内に拡散するのでゆっくり溶出し、大きな分子はゲル細孔内に入れず、ゲルの隙間を通って先に流出する（選択肢④）。これを利用してタンパク質の分子量を推定することができる（選択肢⑤）。

□ゲルろ過クロマトグラフィー
□分子ふるい

キーワード

問5　正解②　**分離分析法（電気泳動）**

SDS-ポリアクリルアミドゲル電気泳動（SDS-PAGE）の担体はポリアクリルアミドゲルで（選択肢③）、泳動後の染色にはCBB（クーマシーブリリアントブルー）や銀染色等が用いられる。エチジウムブロミドは核酸の染色に用いられる（選択肢②）。SDS（ドデシル硫酸ナトリウム）を加えると、タンパク質がもつ種々の電荷がSDSによりマイナスとなり、タンパク質分子はプラス極方向に泳動される（選択肢④）。一定範囲内でタンパク質分子の移動度と分子量の対数との間に比例関係が成立するので、タンパク質サブユニットの分子量を推定することができる（選択肢①）。ゲルは網目構造をしているため、ゲル濃度を低くすると泳動速度が大きくなる（選択肢⑤）。

□ SDS-ポリアクリルアミドゲル電気泳動（SDS-PAGE）

問6　正解②　**遠心機**

遠心力 F は $F=mr\omega^2$（m：質量、r：回転半径、ω：角速度）で表される。ω は回転数と比例関係にあるので、求める回転数をXとすると、設問の内容は以下のように表される。$4 \times 3{,}000^2 = 9 \times X^2$、$X^2 = 4 \times 3{,}000^2/9 = (2 \times 3{,}000/3)^2$ となり、$X = 2 \times 3{,}000/3 = 2{,}000$ となる（選択肢②）。

□ 遠心力
□ 角速度
□ 回転半径
□ 回転数（rpm）

問7　正解②　**クリーンベンチ**

クリーンベンチ内部の殺菌には、消毒用アルコールを噴霧してふき取る（選択肢③）。紫外線ランプも殺菌に用いるが、使用時は消灯する（選択肢④）。内部は陽圧になっており、内側から外部に向けて空気が移動する（選択肢①）。吸気はHEPAフィルターでろ過した清浄な空気が流入するが（選択肢②）、排気はろ過せずそのまま排出するので、病原微生物は扱うことができない（選択肢⑤）。

□ HEPAフィルター
□ UV灯

問8　正解①　**顕微鏡**

位相差顕微鏡（選択肢①）は、試料を透過した直進光と回折光の光路差（位相差）による干渉現象を利用する。試料の密度差のある部分に明暗のコントラストがつくので、動物培養細胞など非染色の生物試料の観察に適している。生物顕微鏡（選択肢③）は細胞や切片などの観察を行うもので、コントラストのない試料の観察には適さない。実体顕微鏡（選択肢④）は低倍率での形状観察用顕微鏡で、培養細胞観察には用いない。蛍光顕微鏡（選択肢②）は励起光を照射して観察するもので、蛍光染色が必要となる。透過型電子顕微鏡（選択肢⑤）は固定した薄切切片の微細な構造の観察ができるが、生細胞の観察には適さない。

□ 位相差顕微鏡
□ 生物顕微鏡
□ 実体顕微鏡
□ 蛍光顕微鏡
□ 透過型電子顕微鏡（TEM）

問9　正解②　**各種実験機器・器具の取り扱い**

pHメーターのガラス電極は、乾燥すると感度が低下するので、使用しない時は蒸留水に浸すなどの保湿が必要である（選択肢①）。電子天秤は、使用前に水準器を用いて足部のねじを調整し、水平になるようにする（選択肢②）。アングルローターでもスイングローター

□ pHメーター
□ ガラス電極
□ 電子天秤
□ アングルローター

でも、適切な分離のためには遠心管のバランスを取ることが必要である（選択肢③）。生物顕微鏡は、ステージを対物レンズに近い高さから徐々に下げながら焦点を合わせる（選択肢④）。揮発性の高い溶液は、マイクロピペッター内部に拡散する可能性がある（選択肢⑤）。

キーワード
- □生物顕微鏡
- □マイクロピペッター

問10 正解⑤ ガスクロマトグラフ質量分析計（GC/MS）

GC/MS（ガスクロマトグラフ質量分析計）は、ガスクロマトグラフの検出器として質量分析計を利用するもので（選択肢 d）、分析できる試料は気体または気化する物質である（選択肢 e）。DNA が二重らせん構造であることの証明に用いられたのは、X 線回折装置である（選択肢 a）。強い磁場をかけて分子の化学構造を調べるのは、NMR（核磁気共鳴）である（選択肢 b）。元素が特定の波長の光を吸収することを利用するのは、原子吸光光度計である（選択肢 c）。

- □ガスクロマトグラフ質量分析計（GC/MS）
- □質量分析計

問11 正解④ バイオテクニカルターム（実験）

concentration は濃縮あるいは濃度の意味があるので、反対の意味をもつのは dilution（希釈；選択肢④）である。他の選択肢の意味は、decantation（デカンテーション；選択肢①）、density（密度；選択肢②）、detection（検出；選択肢③）、dissolution（溶解；選択肢⑤）である。

- □concentration
- □dilution

問12 正解⑤ バイオテクニカルターム（実験）

absorbance（選択肢①）は吸光度、centrifugation（選択肢②）は遠心、method（選択肢③）は方法、precipitate（選択肢④）は沈殿の意味である。飽和は saturation、冷蔵は refrigeration、装置は apparatus、上清は supernatant という。

- □absorbance
- □centrifugation
- □method
- □precipitate
- □substrate

問13 正解④ バイオテクニカルターム（機器）

大腸菌を 37℃で培養する際に用いる装置は incubator（ふ卵器または培養器；選択肢④）である。他の選択肢の意味は、aspirator（アスピレーター；選択肢①）、blotter（ブロッター；選択肢②）、freezer（冷凍庫；選択肢③）、microscope（顕微鏡；選択肢⑤）である。

- □incubator
- □freezer
- □microscope

問14 正解② バイオテクニカルターム（元素）

chlorine（塩素；選択肢②）は水溶液中で陰イオンになる。calcium（カルシウム；選択肢①）、hydrogen（水素；選択肢③）、magnesium（マグネシウム；選択肢④）、sodium（ナトリウム；選択肢⑤）はすべて陽イオンになる。

- □hydrogen
- □sodium
- □magnesium
- □chlorine
- □calcium

キーワード

問15　正解⑤　**バイオテクニカルターム（物質）**

生理食塩水は saline（選択肢⑤）という。他の選択肢の意味は、acid（酸；選択肢①）、base（塩基；選択肢②）、buffer（緩衝；選択肢③）、reagent（試薬；選択肢④）である。

- □ acid
- □ base
- □ buffer
- □ reagent
- □ saline

問16　正解④　**バイオテクニカルターム（細胞・生物）**

胆汁は liver（肝臓；選択肢④）で合成され、胆のうに蓄えられて十二指腸に分泌される。他の選択肢は、brain（脳；選択肢①）、heart（心臓；選択肢②）、kidney（腎臓；選択肢③）、lung（肺；選択肢⑤）である。

- □ brain
- □ heart
- □ kidney
- □ liver
- □ lung

問17　正解③　**バイオテクニカルターム（分子生物学）**

replication（選択肢③）は複製であり、翻訳は translation という。

- □ expression
- □ recombination
- □ replication
- □ transcription
- □ transformation

問18　正解③　**バイオテクニカルターム（生物）**

「その場で」という意味で用いられるのは *in situ*（選択肢③）である。*de novo*（選択肢①）は「新たな」、*in vitro*（選択肢④）は「試験管内で」、*in vivo*（選択肢⑤）は「生体内」の意味で用いられる。*in silico*（選択肢②）は「コンピュータで、コンピュータシミュレーションで」という意味で用いる。

- □ *in situ*
- □ *de novo*
- □ *in vitro*
- □ *in vivo*

問19　正解④　**バイオテクニカルターム（接頭語）**

単位の接頭語で、kilo（選択肢①）は 10^3、micro（選択肢②）は 10^{-6}、milli（選択肢③）は 10^{-3}、nano（選択肢④）は 10^{-9}、pico（選択肢⑤）は 10^{-12} である。

- □ kilo
- □ milli
- □ micro
- □ nano
- □ pico

問20　正解③　**バイオテクニカルターム（総合問題）**

設問の英文の訳は、「プラスミドは 1kbp から 200kbp の環状二本鎖 DNA である。大腸菌などの細菌内で自律的に増殖する。このプラスミドを任意の制限酵素で切断し、同じ制限酵素で切断した DNA 断片を組入れて、ベクターを作成する。」となる。大腸菌が 1kbp から 200kbp の環状二本鎖 DNA をもつことには言及していない。

- □ plasmid
- □ restriction enzyme
- □ vector

問21　正解④　**法令（カルタヘナ議定書）**

カルタヘナ議定書は、生物多様性条約に基づいて制定されたもので（選択肢①）、遺伝子組換え生物（LMO）の国境を超える移動について、生物多様性の保全及び持続可能な利用に悪影響を及ぼさないよう、安全な移送、取扱い及び利用において十分な水準の保護を確保するための措置を規定する（選択肢②）。この議定書で「生物」とは「核酸を移転し又は複製する能力を有する生物（ヒト細胞以外）、ウィルス、ウィロイド」と定められている（選択肢③・⑤）。第一種

- □ カルタヘナ議定書
- □ 遺伝子組換え生物（LMO）
- □ 第一種使用等
- □ 第二種使用等

使用等は拡散防止措置なしで遺伝子組換え生物を使用するのに対し、第二種使用等は拡散防止措置を講じた上で使用する（選択肢④）。

キーワード

問22 正解①　**法令（遺伝子組換え実験）**

遺伝子組換え実験のうち微生物使用実験の拡散防止措置の区分で、P2レベルでは通常の生物実験室としての構造と設備を有し、すべての操作においてエアロゾルの発生を最小限にとどめることが求められている（選択肢c）。また、実験中は「P2レベル実験中」の表示が必要で（選択肢d）、廃棄物等は不活化の処理をしてから廃棄する（選択肢e）。実験室を陰圧にし、前室を設置しなければならないのはP3レベルの実験室である（選択肢a・b）。

- □遺伝子組換え実験
- □微生物使用実験
- □拡散防止措置
- □P2レベル

問23 正解⑤　**法令（遺伝子組換え実験の実験分類）**

遺伝子組換え実験における実験分類は、「研究開発等に係る遺伝子組換え生物等の第二種使用等に当たって執るべき拡散防止措置等を定める省令」（平成十六年文部科学省・環境省令第一号）に定められており、拡散防止措置を決めるための分類である（選択肢①）。クラス1からクラス4の4段階の実験分類があり、病原性と伝播性に基づいて分類され（選択肢③・④）、それぞれ文部科学大臣が定めている（選択肢②）。クラス1はもっとも危険度の低い分類である（選択肢⑤）。

- □遺伝子組換え実験
- □実験分類
- □クラス1
- □クラス2
- □クラス3
- □クラス4
- □病原性
- □伝播性

問24 正解③　**滅菌・消毒（薬液滅菌・消毒）**

手指の消毒には、70％エタノール（選択肢b）や0.05～0.1％塩化ベンザルコニウム溶液（選択肢c）が用いられる。エチレンオキシドガスは急性および慢性毒性を起こすため、人体には適さないが（選択肢a）、ディスポーザブルな樹脂器具等の滅菌に用いられる。次亜塩素酸ナトリウムは、濃度により消毒や滅菌等に用いられるが、皮膚等に強い刺激性をもつため、手指の消毒には適さない（選択肢d）。滅菌水は洗浄等に用いるが滅菌効果はない（選択肢e）。

- □消毒用アルコール
- □塩化ベンザルコニウム溶液
- □エチレンオキシドガス（EOG）
- □次亜塩素酸ナトリウム溶液

問25 正解⑤　**滅菌・消毒（放射線滅菌）**

電離放射線の一種であるγ線による照射は医療用具、医療機器の滅菌に広く利用されており、線源として主に^{60}Coが用いられる（選択肢①）。放射線滅菌の利点として、加熱処理や乾燥処理を必要とせず（選択肢②・④）、化学薬剤のように残留を考慮する必要がない（選択肢③）ことなどがある。諸外国では香辛料や食肉などの放射線滅菌が行われているが、日本では認められていない（選択肢⑤）。滅菌とは異なり、ジャガイモの発芽部の分裂組織の細胞が他の組織に比べて放射線感受性が高いことを利用して、発芽抑制を目的とした使用が認められている。

- □放射線滅菌
- □^{60}Co

キーワード

問26 正解① **危険物（放射線）**

□ α線
□ β線
□ γ線
□ 電磁波

α線はヘリウムの原子核に相当し、2個の陽子と2個の中性子からなるため、正電荷を帯びている（選択肢①）。紙一枚、またはゴム手袋で遮へいできるため、外部被ばくはあまり問題にならないが、短い飛程でエネルギーがその周辺に放出されることから、内部被ばくに配慮する必要がある（選択肢②）。β線はα線より透過力が強く（選択肢③）、金属板またはアクリル板などを用いて遮へいする。γ線はX線と同様、電磁波の一種である（選択肢④）。中性子線は、原子核から放出されて運動エネルギーをもった中性子の流れで、粒子線の一種である（選択肢⑤）。

問27 正解① **危険物（薬品の取り扱い）**

□ 有機溶剤
□ 重金属

化学実験等で発生する廃液や廃棄物の管理は、対象により法律で規制されている。廃液は無機廃液と有機廃液に大きく分けられるが、基本的には分別保管し、専門の業者に委託して処理を行うことが必要である（選択肢①・②）。重金属を含む廃液も同様で、洗浄液（すすぎ液）も流しに流さず貯留する（選択肢③）。保護具としてゴーグルや手袋などをして扱う（選択肢⑤）。揮発性の場合はドラフトチャンバー内で扱い、室内に拡散しないようにする。水酸化ナトリウム溶液は有害物質を含まないので、中和後、流しに廃棄してよい（選択肢④）。

問28 正解② **危険物（薬品の取り扱い）**

□ フェノール

フェノールは毒性および腐食性があり、皮膚に触れると薬傷を生じる。酸、アルカリなどの薬品が付着した場合と同様に、流水での洗浄が基本であるが（選択肢②）、付着部分を中和する必要はなく（選択肢③・④）、また氷冷も効果がない（選択肢①）。ワセリンは粘膜や皮膚の保護剤として用いられるが、フェノールによる傷害を保護することはできない（選択肢⑤）。

問29 正解⑤ **環境問題**

□ オゾン層
□ 地球温暖化
□ 酸性雨
□ 窒素酸化物（NO_x）
□ 硫黄酸化物（SO_x）
□ 温室効果ガス
□ フロン

海洋汚染は人間の活動による汚染水や汚染物質の流入によるものであり、南極の氷床の融解によるものではない（選択肢d）。オゾン層は紫外線の大部分を吸収して生物を紫外線から保護する役割があるが、成層圏に到達したフロンガスが分解して生じる塩素原子によりオゾンが分解されてオゾン層が破壊される。その破壊と放射性同位元素に関連はない（選択肢e）。赤潮は農薬、肥料、生活排水などによる海水の富栄養化（選択肢a）、地球温暖化は二酸化炭素などの温室効果ガスの増加（選択肢b）、酸性雨は化石燃料の燃焼や火山活動などにより放出される硫黄酸化物（SO_x）や窒素酸化物（NO_x）が原因である（選択肢c）。

キ ー ワ ー ド

□バイオレメディエーション

問30 正解①　**環境修復**

バイオレメディエーションとは微生物を用いて環境汚染を浄化する方法のことで（選択肢①）、汚染現場にもともと生息している微生物を活性化するバイオスティミュレーションと、分解能力に優れた微生物を選択培養して汚染現場に投入するバイオオーグメンテーションの二つの方式がある。有機排水の処理には、好気性微生物を用いた活性汚泥法とメタン生成菌などの嫌気性微生物を用いる方法（選択肢②）があるが、前者は微生物の増殖した分の余剰汚泥を加工して農業用肥料として利用されることがある（選択肢④）。微生物を利用して、鉱石中の金属を分離するのはバクテリアリーチングである（選択肢③）。

解説

生化学

キーワード

問31 正解⑤ 細胞小器官

細胞小器官のうち、ゴルジ体（選択肢①）、小胞体（選択肢②）、中心体（選択肢③）、ミトコンドリア（選択肢④）は真核細胞のみに存在するが、リボソーム（選択肢⑤）は原核細胞、真核細胞の両方に存在する。

- □リボソーム
- □ゴルジ体
- □小胞体
- □ミトコンドリア

問32 正解④ 細胞膜の性質

Na^+,K^+-ポンプは細胞膜に存在し（選択肢①）、ATPのエネルギーを利用して（選択肢②）能動輸送を行い（選択肢⑤）、浸透圧調節に関与している（選択肢③）。細胞内液に Na^+ が少なく K^+ が多いのは、Na^+, K^+-ポンプが Na^+ をくみ出し、K^+ を取り込んでいるからである（選択肢④）。これにより細胞内外の浸透圧を能動的に調節している。

- □Na^+, K^+-ポンプ
- □能動輸送
- □ATP
- □浸透圧

問33 正解④ 溶液（pH）

水酸化ナトリウムNaOHは強アルカリで、水溶液ではほぼすべて Na^+ と OH^- に電離していると考えてよい。0.1 mol/L NaOHを10倍希釈した溶液では、$[OH^-] = 0.01$ mol/L $= 10^{-2}$ mol/Lとなる。$[H^+][OH^-] = 10^{-14}$ より、$[H^+] = 10^{-12}$ となり、pHは12となる（選択肢④）。

- □pH
- □水のイオン積

問34 正解② 溶液（モル濃度）

400 mLの0.5 mol/L NaCl溶液には、0.5（mol/L）× 0.4（L）= 0.2（mol）のNaClが含まれている。NaClの分子量は23 + 35.5 = 58.5であるから、58.5（g）× 0.2 = 11.7（g）のNaClが必要となる（選択肢②）。

- □モル濃度

問35 正解① 溶液の性質

高濃度の塩溶液中でタンパク質が不溶化する現象を塩析（選択肢①）という。凝固点降下（選択肢②）は、不揮発性の溶質を溶かした溶液の凝固点が、溶媒の凝固点より低くなる現象。凝析（選択肢③）は、疎水コロイドの溶液に少量の電解質を加えるとコロイドが析出すること。昇華（選択肢④）は、固体が液体の状態を経ずに気体になること。透析（選択肢⑤）は、小さな分子やイオンが半透膜を通過して移動する現象である。

- □塩析
- □透析
- □凝析
- □凝固点降下

キーワード

問36 正解⑤ 解糖系

真核細胞における解糖系は、グルコースが分解されて（選択肢①）ピルビン酸を生成する反応（選択肢④）で、酸素を必要としないが（選択肢②）、ATPを生成する反応である（選択肢③）。解糖系は細胞質ゾル内で行われる反応で（選択肢⑤）、ミトコンドリアで行われるのはTCA回路や電子伝達系、β酸化などである。

□解糖系
□ピルビン酸
□ミトコンドリア

問37 正解① 糖質（多糖類）

アミロース（選択肢①）は、グルコースが直鎖状に連なった単一多糖類である。ガラクトース（選択肢②）、グルコース（選択肢④）、マンノース（選択肢⑤）は六炭糖、グリセルアルデヒド（選択肢③）は三炭糖で、これらはすべて単糖類に分類される。

□多糖類
□アミロース

問38 正解② 糖質（二糖類）

スクロース（ショ糖；選択肢②）は、グルコースとフルクトースを含む二糖類である。グリコーゲン（選択肢①）はグルコースが重合した多糖類であり、マルトース（選択肢④）はグルコース2分子が$\alpha \rightarrow$1,4結合した二糖類、ラクトース（選択肢⑤）はグルコースとガラクトースが結合した二糖類である。デオキシリボース（選択肢③）は単糖類で、五炭糖である。

□フルクトース
□スクロース

問39 正解① 糖質（単糖の分類）

単糖の分類には、アルデヒド基（選択肢①）をもつアルドースと、ケトン基（選択肢②）をもつケトースがある。アミノ基（選択肢④）とカルボキシ基（選択肢③）はアミノ酸の基本構造にみられる。エーテル結合（選択肢⑤）はジメチルエーテルなどに含まれる。

□アルドース
□ケトース

問40 正解③ アミノ酸の構造

アミノ酸のα炭素原子には、アミノ基、カルボキシ基、水素原子と、アミノ酸ごとに異なる原子団（側鎖）が結合している。側鎖が水素原子であるグリシン（選択肢③）を除くすべてのアミノ酸のα炭素原子は不斉炭素原子となり、光学異性体をもつが、グリシンは光学異性体をもたない。

□グリシン
□アラニン
□イソロイシン
□チロシン
□ロイシン

問41 正解② アミノ酸の分類

アミノ酸は側鎖の構造によりいくつかに分類される。含硫アミノ酸はイオウ原子を側鎖に含むもので、システイン（選択肢a）とメチオニン（選択肢e）が該当する。トレオニン（選択肢b）は側鎖に水酸基をもつ親水性アミノ酸、フェニルアラニン（選択肢c）は側鎖にベンゼン環構造をもつ芳香族アミノ酸であり、プロリン（選択肢d）はアミノ基の代わりにイミノ基（>NH）をもつのでイミノ酸とよばれる。

□含硫アミノ酸
□システイン
□メチオニン

キーワード

問42 正解⑤ **タンパク質の構造**

タンパク質の一次構造とは、タンパク質を構成するアミノ酸配列のことをいう（選択肢a）。二次構造の形成には水素結合が関わり（選択肢b）、αヘリックス構造やβシート構造などがある（選択肢c）。三次構造は、αヘリックス構造やβシート構造がさらに折りたたまれて、一本のポリペプチド鎖が立体構造になったもので、共有結合以外に水素結合、疎水結合、イオン結合などの結合が関与する（選択肢d）。四次構造は、立体構造をもった複数のポリペプチド鎖が会合した構造である（選択肢e）。

- □一次構造
- □二次構造
- □三次構造
- □四次構造

問43 正解⑤ **タンパク質の代謝**

オルニチン回路は尿素回路（選択肢④）ともよばれ、生体にとって有害なアンモニアを無毒化して体外に排出するための代謝経路である（選択肢①）。この一連の反応は肝臓のミトコンドリアや細胞質ゾルにおいて（選択肢③）、ATPの消費を伴って行われる（選択肢⑤）。オルニチンはアミノ酸の一種であり（選択肢②）、尿素はオルニチンとともにアルギニンの分解反応により生成され、腎臓に送られた後、尿として排泄される。

- □尿素回路（オルニチン回路）
- □オルニチン

問44 正解④ **脂質の性質**

一般に飽和脂肪酸は同じ炭素数の不飽和脂肪酸と比較して融点が高い。常温常圧（20℃、1 atm）の条件下で、飽和脂肪酸のステアリン酸（C18；選択肢c）の融点は69℃、パルミチン酸（C16；選択肢d）は63℃であるため、固体である。それに対して不飽和脂肪酸のアラキドン酸（20：4；選択肢a）は −49℃、オレイン酸（18：1；選択肢b）は13℃、リノール酸（18：2；選択肢e）は −5℃であるので、液体である。

- □ステアリン酸
- □パルミチン酸
- □アラキドン酸
- □オレイン酸
- □リノール酸

問45 正解① **脂質の構造**

中性脂肪は、グリセリンに1～3分子の脂肪酸がエステル結合したものである（選択肢①）。グリコシド結合（選択肢②）は糖の特定の −OH と別の有機化合物の −OH が脱水縮合してできる結合、ジスルフィド結合（選択肢③）はペプチド鎖中のシステイン残基のチオール基（−SH）の間で形成される結合である。水素結合（選択肢④）は、水素原子を介して行われる非共有結合の一種で、αヘリックスの形成に必要な O…H−N などでみられる。ペプチド結合（選択肢⑤）はアミノ酸のアミノ基と別のアミノ酸のカルボキシ基の間で脱水縮合してできる結合である。

- □中性脂肪（トリグリセリド）
- □エステル結合

問46 正解⑤ **脂質の構造と性質**

コレステロールはトリテルペノイドで、六員環と五員環を含むステロイドの一種である（選択肢①・②）。生体膜の成分であり（選択肢④）、ステロイドホルモンの前駆体となる（選択肢③）。脊椎動物では脳・神経や副腎皮質・性腺などの組織に多く含まれるが、細菌

- □コレステロール
- □ステロイド

キーワード

類の膜や植物にはほとんど含まれない（選択肢⑤）。

問47 正解④ **脂質の代謝（β酸化）**

β酸化は脂質の酸化分解反応であり、細胞のミトコンドリア内で行われる（選択肢④）。滑面小胞体（選択肢①）は小胞体のうちリボソームの付着していない領域のことで、脂質合成や小胞の出芽などが行われる。ゴルジ体（選択肢②）はタンパク質の修飾や細胞内輸送などに関わる。細胞質ゾル（選択肢③）は細胞小器官以外の溶液相で、解糖系の反応や細胞運動などに関与する。リボソーム（選択肢⑤）はrRNAとタンパク質で構成され、mRNAの情報を元にタンパク質を合成する。

□ β酸化
□ ミトコンドリア

問48 正解⑤ **核酸の構造**

AMP（Adenosine monophosphate；アデノシン一リン酸）は、プリン塩基のアデニン（選択肢⑤）、リボース（選択肢③）、リン酸（選択肢④）からなるモノヌクレオチドである（選択肢②）。アデニル酸ともいう（選択肢①）。

□ AMP
□ アデニル酸
□ ヌクレオチド
□ リボース
□ ピリミジン塩基

問49 正解③ **核酸の代謝**

プリン塩基の代謝では、まずプリンヌクレオチドのリン酸を加水分解して除去し、塩基を遊離させ、その後ヒポキサンチン（選択肢④）、キサンチン（選択肢②）を経由して尿酸（選択肢③）となって、尿中に排出される。イノシン酸（選択肢①）はプリン塩基をもつモノヌクレオチドで、うま味成分として調味料に利用される。ピリドキシン（選択肢⑤）はビタミンB_6のことである。

□ プリン塩基
□ 尿酸
□ キサンチン
□ ヒポキサンチン
□ イノシン酸

問50 正解① **酵素の性質**

酵素は、化学反応の活性化エネルギーを減少させ（選択肢b）、触媒としての機能をもつ（選択肢a）。酵素反応には副生成物が少ない（選択肢d）。K_m値は反応速度が最大反応速度の1/2になった時の基質濃度に等しく、その値が大きいほど酵素と基質の親和力が小さい（選択肢c）。アイソザイムは、同一の触媒反応を行う酵素が2種類以上存在し、そのタンパク質の一次構造が異なる酵素のことを指す（選択肢e）。

□ 活性化エネルギー
□ ミカエリス定数（K_m）
□ アイソザイム

問51 正解③ **酵素の分類**

EC番号とは酵素を反応形式に基づいて4つ（4組）の数字を使用して分類したものである。先頭の数字が「1」であるのは酸化還元酵素（選択肢③）、「2」は転移酵素（選択肢⑤）、「3」は加水分解酵素（選択肢②）、「4」はリアーゼ（脱離酵素；選択肢④）、「5」はイソメラーゼ（異性化酵素；選択肢①）、「6」は合成酵素（リガーゼ）で、「7」はトランスロカーゼ（輸送酵素）である。

□ EC番号
□ 酸化還元酵素

キーワード

問52 正解④ **酵素反応**

$v = V_{max} \times [S] / (K_m + [S])$ のミカエリス・メンテンの式に、設問条件から $[S] = 4\ K_m$ とすると、$v = V_{max} \times 4\ K_m / (K_m + 4\ K_m)$ より $v = V_{max} \times 4\ K_m / 5\ K_m = 4/5\ V_{max}$ となり、v は V_{max} の 4/5（80%）となる（選択肢④）。

- □ミカエリス・メンテンの式
- □ミカエリス定数（K_m）
- □基質濃度

問53 正解② **ビタミン（欠乏症）**

ビタミンはヒトに不可欠な栄養素であるが、体内では合成することができないため食物として摂取する必要がある。欠乏すると身体に様々な病態が現れ、これをビタミン欠乏症という。ビタミンA（選択肢①）の欠乏と夜盲症、ビタミン B_1（チアミン；選択肢②）の欠乏と神経炎（脚気）、ビタミンC（選択肢③）の欠乏と壊血病、ビタミンD（選択肢④）の欠乏と骨軟化症（くる病）、ビタミンK（選択肢⑤）の欠乏と血液凝固障害の関係性がわかっている。なお、ビタミンDはプロビタミンから体内での合成経路がある。

- □神経炎（脚気）
- □ビタミン B_1（チアミン）

問54 正解② **ビタミンの分類**

ビタミンはその性質により水溶性ビタミンと脂溶性ビタミンに分類される。脂溶性ビタミンにはビタミンA（レチノール）、ビタミンD（カルシフェロール；選択肢②）、ビタミンE（トコフェロール）、ビタミンK（フィロキノン）が含まれる。水溶性ビタミンにはビタミンC（アスコルビン酸：選択肢①）とビタミンB群が含まれ、シアノコバラミン（ビタミン B_{12}；選択肢③）、チアミン（ビタミン B_1；選択肢④）、ビオチン（選択肢⑤）はビタミンB群に含まれる。

- □脂溶性ビタミン
- □ビタミンD（カルシフェロール）

問55 正解④ **ホルモンとその分泌腺**

ホルモンはそれぞれ特定の分泌器官から分泌される。アドレナリン（選択肢①）は副腎髄質から、インスリン（選択肢②）は膵臓のランゲルハンス島B（β）細胞から、グルカゴン（選択肢③）は膵臓のランゲルハンス島A（α）細胞から、コルチゾール（糖質コルチコイド；選択肢④）は副腎皮質から、チロキシン（選択肢⑤）は甲状腺から分泌される。副腎皮質からは鉱質コルチコイド（ミネラルコルチコイド）も分泌される。

- □副腎皮質
- □コルチゾール

問56 正解③ **ホルモンの作用**

血糖値を下げるホルモンはインスリンであり、膵臓ランゲルハンス島B（β）細胞から分泌される（選択肢③）。血糖値をあげるホルモンには、副腎髄質（選択肢⑤）から分泌されるアドレナリン、膵臓ランゲルハンス島A（α）細胞から分泌されるグルカゴン、脳下垂体前葉（選択肢④）から分泌される成長ホルモンがあり、貯蔵糖のグリコーゲンをグルコースに分解する。副腎皮質から分泌されるコルチゾール（糖質コルチコイド）は糖新生を経てタンパク質をグルコースにし、血糖値を上げる作用をもつ。甲状腺（選択肢②）からはチロキシンが分泌される。

- □インスリン
- □膵臓
- □アドレナリン
- □グルカゴン
- □成長ホルモン
- □コルチゾール

キーワード

問57 正解①　**ミネラル（電解質の役割）**

ヘモグロビンはヒトの赤血球に含まれ、酸素を運搬する色素であり、鉄（選択肢①）を含んでいる。銅（選択肢②）は、軟体動物や節足動物の血中で酸素運搬を担うヘモシアニンなどに含まれている。マグネシウム（選択肢③）は、細胞内でATPと結合して機能発現に関わるとともに、葉緑体クロロフィルの成分としても重要である。ヨウ素（選択肢④）は、甲状腺から分泌されるチロキシンの成分である。リン（選択肢⑤）は、骨や歯の主要成分であり、細胞内の緩衝作用などを担う。

- □ヘモグロビン
- □鉄

問58 正解②　**ミネラル（陰イオン）**

金属元素とは周期律表の第1族から第12族（水素を除く）に属する元素など、単体で金属の性質を示す元素である。人体を構成する元素を重量の多いものから順に並べると酸素、炭素、水素、窒素、カルシウム（選択肢②）、リンの順であり、金属元素はカルシウムがもっとも多い。金属元素で多いものから並べると、カルシウムが1.5%、カリウム（選択肢①）が0.2～0.4%、ナトリウム（選択肢④）が0.15～0.2%である。

- □カルシウム
- □カリウム
- □ナトリウム

問59 正解③　**植物（C_4植物）**

C_4植物は強光・高温などの熱帯性気候に適した光合成を行っており（選択肢①）、トウモロコシやサトウキビなどが含まれる（選択肢⑤）。通常のC_3植物が葉肉細胞の葉緑体を中心とした光合成を行うのに対して、C_4植物は維管束鞘細胞にも発達した葉緑体をもち（選択肢④）、2種類の細胞が共同で光合成を行うことが特徴である。取り込まれたCO_2はまず葉肉細胞でC_4化合物であるオキサロ酢酸となり（選択肢②）、C_4化合物は維管束鞘細胞に輸送されてカルビン回路にCO_2を供給する。すなわち、C_4ジカルボン酸回路はCO_2を濃縮輸送する反応系であり、炭酸同化反応ではないのでグルコースは生成しない（選択肢③）。

- □C_4植物

問60 正解③　**植物（光合成）**

葉緑体で行われる光合成には、チラコイドで行われる反応とストロマで行われる反応がある。チラコイドには光化学系Ⅱ（選択肢d）と光化学系Ⅰがあり、そこでは水の分解（選択肢e）、ATPの合成（選択肢a）等が行われる。その後、ストロマではカルビン回路（選択肢b）の反応過程でCO_2の固定（選択肢c）、有機物の合成が行われる。

- □チラコイド
- □ストロマ
- □光化学系Ⅰ・Ⅱ
- □カルビン回路

微生物学

キーワード

問1　正解③　種類と特徴（グラム陰性菌）

グラム染色はクリスタルバイオレットなどのロザリニン系色素とヨードの複合体による細菌類の染色法で、紫色に染まるグラム陽性菌と染まらないグラム陰性菌に分類される。グラム陽性菌は厚いペプチドグリカン層からなる細胞壁をもち、グラム染色により濃紫色に染まる。黄色ブドウ球菌（選択肢①）、枯草菌（選択肢②）、乳酸菌（選択肢④）、酪酸菌（選択肢⑤）はグラム陽性菌である。一方グラム陰性菌は非常に薄いペプチドグリカン層と、リポ多糖類などの外膜を有しており、グラム染色では後染色のサフラニンにより淡紅色に染まる。大腸菌（選択肢③）やサルモネラ菌、酢酸菌などはグラム陰性菌である。

- □ グラム陽性菌
- □ グラム陰性菌
- □ ペプチドグリカン層

問2　正解①　菌類の種類と特徴（形態的性質）

カビは多数に枝分かれした細長い糸状細胞から構成されており、これを菌糸という。菌糸は栄養摂取と発育に関する細胞であるが、菌糸には仕切り（隔壁）のあるものとないものがあり、分類上重要な特徴となっている。クモノスカビ（選択肢 c）やケカビ（選択肢 d）などの接合菌類やツボカビ（選択肢 e）は隔壁をもたない。アオカビ（選択肢 a）やキコウジカビ（選択肢 b）などの子のう菌類や、一般的なキノコである担子菌類には隔壁がある。

- □ 隔壁
- □ 接合菌
- □ 子のう菌
- □ 担子菌

問3　正解④　種類と特徴（マイコプラズマ）

マイコプラズマは細胞壁のない細菌で（選択肢 a）、動物細胞などを宿主として寄生する（選択肢 b）。マイコプラズマ肺炎など病原性をもつものがある（選択肢 e）。細胞が小さく、細胞壁を欠くため、通常の除菌フィルターを透過する。そのため細胞培養培地をろ過滅菌してもコンタミネーションすることがあるので注意が必要である。出芽で増殖するのは一部の酵母（選択肢 c）、80S リボソームは真核細胞のリボソームである（選択肢 d）。

- □ マイコプラズマ
- □ 細胞壁

問4　正解⑤　種類と特徴（ゲノム）

λファージ（選択肢⑤）は大腸菌に感染する DNA ファージで、遺伝子研究のモデル生物として重要な役割を果たしている。日本脳炎ウイルス（選択肢④）、インフルエンザウイルス（選択肢①）、コロナウイルス（選択肢②）は RNA ウイルスで、重篤な疾病の原因となるウイルスには RNA ウイルスが多い。タバコモザイクウイルス（選択肢③）はタバコモザイク病を引き起こす一本鎖 RNA ウイルスであり、世界で初めて結晶化に成功したウイルスである。

- □ ウイルス
- □ DNA
- □ RNA
- □ λファージ

キーワード

問5 正解④ **細菌の構造（鞭毛）**

細菌の鞭毛は、その先端と根元以外の繊維の部分は1種類のタンパク質フラジェリン（選択肢④）によりできている。ケラチン（選択肢①）は高等動物の体表にあって外界からの保護機能をもつタンパク質、コラーゲン（選択肢②）は動物組織の細胞外マトリックスの主成分であるタンパク質、フェレドキシン（選択肢③）は電子伝達体として機能する鉄硫黄タンパク質、リゾチーム（選択肢⑤）はペプチドグリカンの糖鎖を分解する酵素である。

□鞭毛
□細菌
□フラジェリン
□コラーゲン
□ケラチン

問6 正解③ **細菌の構造（細胞壁）**

ペプチドグリカンは細菌の細胞壁を構成する糖ペプチドのポリマーで、その主鎖は*N*-アセチルグルコサミン（選択肢b）と*N*-アセチルムラミン酸（選択肢c）の二糖ペプチドの反復単位をもつ。アセチルCoA（選択肢a）は解糖系でできたピルビン酸から脱炭酸によって生成し、TCA回路に送られる。NAD（ニコチンアミドアデニンジヌクレオチド；選択肢d）は酸化還元酵素に関与する補酵素、レシチン（選択肢e）はリン脂質で、ホスファチジルコリンやスフィンゴミエリンなどからなる。

□ペプチドグリカン
□*N*-アセチルグルコサミン
□*N*-アセチルムラミン酸

問7 正解③ **細胞の構造**

リボソームは細胞内でタンパク質生合成を行う場であり、リボソームRNA（選択肢b）とリボソームタンパク質（選択肢c）から構成される。原核生物は50S大サブユニットと30S小サブユニットからなる70Sリボソームを、真核生物は60S大サブユニットと40S小サブユニットからなる80Sリボソームをもつ。デキストリン（選択肢d）はグルコースがグリコシド結合で重合した多糖類である。

□リボソーム

問8 正解① **細胞の構造**

パーミアーゼは透過酵素ともいい（選択肢a）、細胞膜を横切って特定の分子やイオンなどを輸送する膜貫通タンパク質であり、細胞内の可溶性タンパク質ではない（選択肢b・d）。酵素に似た性質をもつが化学反応を触媒するわけではない（選択肢c）。ATPのエネルギーを利用するものがあるが、ATPを合成するものはない（選択肢e）。

□パーミアーゼ（透過酵素）

問9 正解⑤ **代謝（乳酸発酵）**

乳酸発酵にはホモ乳酸発酵（ブドウ糖$C_6H_{12}O_6$ → 乳酸$2C_3H_6O_3 + 2ATP$）とヘテロ乳酸発酵（ブドウ糖$C_6H_{12}O_6$ →乳酸$C_3H_6O_3$+ エタノール$C_2H_5OH + CO_2 + ATP$）がある。ホモ乳酸発酵では、解糖系でブドウ糖から生じたピルビン酸はすべて乳酸（選択肢④）となるが、ヘテロ乳酸発酵では乳酸以外にエタノール（選択肢②）、二酸化炭素（選択肢③）が生じる。いずれの場合でもATP（選択肢①）が生じるが、酪酸（選択肢⑤）は生じない。

□乳酸発酵

キーワード

問10 正解①　**代謝（化学合成独立栄養細菌）**

主要炭素源として二酸化炭素を利用し、無機化合物を酸化したエネルギーを用いて有機物を合成するのが化学合成独立栄養細菌である。硫黄酸化細菌（選択肢①）は硫黄を硫酸に酸化してエネルギーを得る化学合成独立栄養細菌である。光合成細菌（選択肢③）は光エネルギーを利用して、二酸化炭素を炭水化物に還元する。黄色ブドウ球菌（選択肢②）、枯草菌（選択肢④）、大腸菌（選択肢⑤）は化学合成従属栄養細菌である。

- □化学合成独立栄養細菌
- □光合成細菌

問11 正解①　**代謝（酢酸発酵）**

酢酸発酵を行うのは*Acetobacter aceti*（選択肢①）であり、食酢の生産に利用される。*Bacillus subtilis*（選択肢②）は納豆や各種タンパク質分解酵素の生産に用いられる。*Clostridium butyricum*（選択肢③）は酪酸発酵菌である。*Lactobacillus plantarum*（選択肢④）は植物由来の乳酸発酵菌であり、各種漬け物の製造に利用されている。*Staphylococcus aureus*（選択肢⑤）は化膿症やエンテロトキシンによる食中毒の原因菌である。

- □酢酸発酵

問12 正解②　**増殖曲線（対数増殖期）**

対数増殖期には細菌は世代時間ごとに2倍に増殖する。よってn世代後の菌数は2^n倍となる。ある時点の菌数が1.0×10^2で3時間後の菌数が6.4×10^3であるから、$1.0 \times 10^2 \times 2^n = 6.4 \times 10^3$、$2^n = 64 = 2^6$、$n = 6$となる。3時間の間に6回分裂したので、$60 \times 3/6 = 30$（分）となり、世代時間は30分となる（選択肢②）。

- □対数増殖
- □対数期
- □世代時間

問13 正解⑤　**ファージの増殖**

溶原性ファージのDNAは、プロファージ（選択肢⑤）として感染した宿主細菌の染色体に組み込まれるか、染色体外のプラスミドとなる。ファージが細菌に感染した後、増殖したファージが宿主細菌を内側から破壊（溶菌）して外に放出される。このようなファージをビルレントファージといい、バーストサイズ（選択肢③）はこの時1個のファージから増殖したファージ数である。プラーク（選択肢④）は溶菌斑、キャプシド（選択肢①）はファージ粒子のタンパク質の殻、コロニー（選択肢②）は細菌やカビが固体培地上で増殖して目に見える塊になったものである。

- □テンペレートファージ
- □ビルレントファージ
- □溶原化
- □プロファージ
- □バーストサイズ

問14 正解⑤　**変異（R因子）**

R因子（Resistance factor）は薬剤耐性遺伝子をもつ（選択肢④）プラスミドであり、染色体とは別に存在する環状二本鎖DNAである（選択肢①・②）。R因子は供与菌から性線毛が伸びて受容菌に接合することなどで伝達されるが（選択肢③）、近縁の細菌間では高頻度で伝達が生じるとされており、薬剤耐性菌拡大の要因である。性決定に関与するプラスミドはF因子である（選択肢⑤）。

- □プラスミド
- □R因子
- □薬剤耐性菌

キ ー ワ ー ド

問15　正解②　**変異原**

変異原とは、生物の遺伝情報に不可逆的な変化（変異）を引き起こす化学的、物理的、生物的要因のことである。エチジウムブロミド（選択肢a）や、ニトロソグアニジン（選択肢e）などのニトロソ化合物は、DNAに結合して複製や転写を阻害する変異原物質である。キサントフィル（選択肢b）は光合成に関与する色素、グルタミン酸（選択肢c）とトリプトファン（選択肢d）はアミノ酸であり、変異原とはならない。

- □変異原
- □エチジウムブロミド（臭化エチジウム）
- □ニトロソグアニジン

問16　正解②　**変異（トランスポゾン）**

トランスポゾンは転移因子ともよばれ、ゲノムDNA上を移動し（選択肢④）、突然変異を起こす原因となる塩基配列のことである（選択肢①）。配列の両側に反復する塩基配列をもつものが多く（選択肢③）、原核生物から真核生物まで広く存在する（選択肢②）。トランスポゾンは、DNA型のものと転写を伴うRNA型のレトロトランスポゾンに分けられる。遺伝子導入のベクターや変異原として利用される（選択肢⑤）。

- □変異原
- □トランスポゾン

問17　正解①　**変異株の取得（レプリカ平板法）**

栄養要求変異株をレプリカ平板法で取得する場合、突然変異処理をした菌をまず完全培地（選択肢a）で作った平板培地で培養する。生じたコロニーを完全培地と最少培地（選択肢b）の両方に転写し、完全培地で生育するが最少培地で生育しないコロニーを栄養要求突然変異株として選択する。斜面培地（選択肢c）は試験管を傾けて培地を固化したもので菌株の保存などに用いる。天然培地（選択肢d）は動植物の抽出物などを含む培地である。軟寒天培地（選択肢e）は寒天濃度を低くしたものである。

- □栄養要求変異株
- □完全培地
- □最少培地

問18　正解⑤　**発酵食品（アルコール飲料）**

デンプン系の原料を糖化した後でアルコール発酵するのが複発酵、原料中の糖分を直接発酵するのが単発酵である。清酒（選択肢②）は糖化と発酵がもろみの中で同時に進行する並行複発酵で作られ、焼酎（選択肢③）は醸造酒を蒸留したものである。ビール（選択肢④）は糖化の後発酵を行う単行複発酵で作られ、ウィスキー（選択肢①）は糖化後発酵したものをさらに蒸留したものである。ワイン（選択肢⑤）は原料果汁中の糖を直接発酵するので単発酵である。

- □単発酵
- □単行複発酵
- □並行複発酵
- □発酵酒
- □蒸留酒

問19　正解④　**発酵食品（乳製品）**

キモシン（レンニン）は生後数週間の仔牛の胃袋に存在するプロテアーゼの一種で（選択肢①・②）、乳中のカゼインを凝集させる作用がある（選択肢③）。この仔牛胃袋からの粗抽出液がレンネットであり、凝乳酵素としてチーズ製造に用いられる（選択肢⑤）。キモシンは酸性プロテアーゼであり、弱酸性に最適pHをもつ（選択肢④）。チーズ生産の増大に伴い仔牛由来のレンネットが不足したこと

- □キモシン
- □凝乳酵素

キーワード

から、微生物由来のレンネットが開発され広く利用されている。

問20 正解②　**抗生物質**

ペニシリンはアオカビ由来のβラクタム系抗生物質で、アンピシリンやセファロスポリンなどと同じく細胞壁合成を阻害する（選択肢②）。RNA合成を阻害するのはアクチノマイシンやリファンピシンなど（選択肢①）、DNA合成を阻害するのはマイトマイシンなどである（選択肢④）。細胞膜合成はペプチド系やポリエン系の抗生物質が阻害する（選択肢③）。リボソーム（選択肢⑤）に結合してタンパク質合成を阻害する抗生物質には、ストレプトマイシンやカナマイシン、テトラサイクリンなどがある。

□抗生物質
□細胞壁合成阻害
□タンパク質合成阻害
□核酸合成阻害

問21 正解④　**発酵食品（有機酸発酵）**

クロコウジカビ（*Aspergillus niger*；選択肢④）は、糖を基質としてクエン酸などの有機酸やアミラーゼなどの酵素の生産に用いられている。クロコウジカビによるクエン酸発酵は早くから工業化された。アオカビ（*Penicillium* 属；選択肢①）は抗生物質やチーズなどの生産に、クモノスカビ（*Rhizopus* 属；選択肢③）は紹興酒の生産などに、ケカビ（*Mucor* 属；選択肢⑤）は中国などで豆腐や調味料などに用いられる。アカパンカビ（*Neurospora crassa*；選択肢②）は遺伝学の研究に古くから用いられているが、食品や物質生産には利用されていない。

□有機酸発酵

問22 正解⑤　**食品の保存（パスツーリゼーション）**

品質を損なわずに効果的に殺菌する方法として、必要最小限の熱処理をするのがパスツーリゼーション（低温殺菌法：LTLT法）である（選択肢③・④）。100℃以下、一般に60～65℃で30分以上の加熱を行う（選択肢①・②）。日本酒の火入れも同様の殺菌法である。微生物を完全に死滅させることはできない（選択肢⑤）。その他の殺菌法としてHTST（高温短時間殺菌：72～75℃、15秒）、UHT（超高温殺菌：120～150℃、1～3秒）があるが、低温殺菌法に比べてタンパク質の熱変性などの影響が生じる。

□パスツーリゼーション
□高温短時間殺菌（HTST）
□超高温殺菌（UHT）

問23 正解③　**食品の保存法**

食品の保存には、低温による保存、低水分活性による保存、酸性による保存、脱酸素による保存などがある。pHの低下で微生物の生育を抑制する保存法として酢漬け（選択肢③）がある。塩蔵（選択肢①）、糖蔵（選択肢④）は水分活性を低下させて保存する方法である。燻煙法（選択肢②）は水分活性の低下とともに、煙中のホルムアルデヒドなどが微生物を抑制する効果を用いる。レトルト法（選択肢⑤）は容器に食品を充填・密閉して加圧加熱殺菌を行い、保存性を高める方法である。

□塩蔵
□糖蔵
□酢漬法
□燻煙法
□レトルト食品

キーワード

問24　正解④　環境における微生物の活動（排水処理）

BOD（Biochemical Oxygen Demand）は、生物化学的酸素要求量または生物化学的酸素消費量といわれ（選択肢①）、排水中に含まれる有機物量の指標となる。20℃で5日間、水中の好気性微生物が有機物を分解する際に消費される溶存酸素量を測定する（選択肢②・③）。溶存酸素の減少が大きい（BOD値が大きい）ほど、排水中の有機物が多いことを示すが（選択肢⑤）、BODは自然界における自浄作用を模した値であり、微生物が分解しにくい有機物もあることから、すべての有機物を定量できるものではない（選択肢④）。

- □BOD
- □COD

問25　正解③　環境における微生物の活動（排水処理）

活性汚泥法は有機排水の好気的処理方法で（選択肢①）、比較的低濃度の有機排水の処理に適している。排水中の有機物は曝気槽内で好気性微生物と原生動物により分解される（選択肢②）。活性汚泥法は処理速度が速いが（選択肢④）、余剰汚泥の発生が多い（選択肢⑤）。それに対して、メタン発酵法などの嫌気処理法は高濃度の排水処理に適しており（選択肢③）、処理速度は遅いが余剰汚泥の発生が少なく、発生したメタンガスを利用できるなどのメリットがある。

- □活性汚泥法
- □メタン発酵法

問26　正解①　元素循環（窒素循環）

アゾトバクター（選択肢a）とクロストリジウム（選択肢b）は空気中の窒素を生物が利用可能な形（アンモニア）に変える窒素固定菌を含む。ニトロソモナス（選択肢e）はアンモニアを亜硝酸に酸化する硝化細菌として窒素循環にかかわる。チオバチルス（選択肢d）は硫黄酸化細菌として硫黄の循環にかかわる。スタフィロコッカス（選択肢c）は黄色ブドウ球菌に代表されるグラム陽性菌であり、窒素固定能はない。

- □窒素循環
- □硫黄循環
- □炭素循環

問27　正解③　実験（グラム染色法）

グラム染色では、菌液をスライドガラスに塗抹し（操作A）、熱をかけて固定する（操作B）。最初にクリスタルバイオレットで染色し（操作C）、次いでルゴール液で色素を固定した後アルコールで脱色する（操作D）。この操作により細胞壁の薄いグラム陰性菌は脱色するが、細胞壁の厚いグラム陽性菌は脱色されない。最後にサフラニンで染色すると（操作E）脱色されたグラム陰性菌は淡紅色に、グラム陽性菌は濃紫色に染色される。よってルゴール液処理は、操作Cの後である（選択肢③）。

- □グラム染色
- □グラム陽性菌
- □グラム陰性菌

問28　正解②　実験（顕微鏡観察）

枯草菌（*Bacillus* 属菌）は芽胞形成菌で、生育環境が悪化してくると芽胞（選択肢②）を形成する。芽胞を形成している場合、その菌体をグラム染色すると、芽胞の部分は染色されず白く抜けたように観察される。エンベロープ（選択肢①）はエンベロープウイルスの最も外側にある脂質二重膜構造のことであり、莢膜（選択肢③）は一

- □枯草菌
- □芽胞
- □グラム染色

部の細菌がもつ細胞壁外側にあるゲル状の被膜のことである。ミトコンドリア（選択肢④）は真核細胞の細胞小器官、リポ多糖（LPS；選択肢⑤）はグラム陰性菌外膜の構成成分である。

問29 正解④ **実験（乳酸菌の保存）**

乳酸菌は酸素耐性の嫌気性菌であり、培養にはMRS寒天培地などへの混釈培養法や画線法による嫌気培養を利用するが、菌株の保存には高層培地への穿刺培養を用いる。釣菌や穿刺接種には白金線（選択肢④）を用いる。

問30 正解② **実験（エイムス試験）**

エイムス試験は変異原性試験に広く実施されている方法で、ヒスチジン要求性サルモネラ菌（*Salmonella typhimurium*：ネズミチフス菌）が用いられる。ヒスチジン非要求株（復帰変異株）発生の頻度から変異原性を検出する（選択肢②）。カブトガニの血液の凝固を検出するのは、細菌の内毒素（LPS）の検出法であるリムルステスト（選択肢①）、抗生物質の最小生育阻止濃度を検出するのはMIC法（選択肢③）、ガス発生の有無を検出するのは大腸菌群の検査法（選択肢④）である。塩基二量体の光回復による修復を検出するのは、エイムス試験とは関係がない（選択肢⑤）。

キーワード

- □白金線
- □白金耳
- □白金鉤
- □スプレッダー（コンラッジ棒）
- □穿刺培養

- □エイムス試験
- □変異原
- □リムルステスト

分子生物学

キーワード

問31　正解④　細胞（真核生物）

真核生物の細胞小器官で核以外にDNAをもつのは、ミトコンドリア（選択肢c）と葉緑体（選択肢d）である。ミトコンドリアや葉緑体の基質には独自のDNAとリボソームが含まれ、それぞれの機能に関わるタンパク質合成を行っている。

- □細胞小器官（オルガネラ）
- □ミトコンドリア
- □葉緑体
- □ゴルジ体
- □小胞体
- □リボソーム

問32　正解⑤　遺伝子（遺伝子の本体）

リン（P）は核酸に含まれるが、タンパク質にはない。また、硫黄（S）はタンパク質に含まれるが、核酸にはない。ハーシーとチェイスは、^{32}P（選択肢d）でDNAを標識したT2ファージと^{35}S（選択肢e）でタンパク質を標識したT2ファージをつくり、それぞれ大腸菌に感染させた。その子ファージを分析すると^{32}Pをもち^{35}Sをもたないことから、親から子に引き継がれるのはDNAである、すなわち遺伝子の本体はDNAであると証明した。

- □ハーシーとチェイスの実験
- □DNA

問33　正解②　遺伝の法則（メンデルの法則）

メンデルの法則の「優性の法則」と「分離の法則」により、遺伝子型AAの［丸］と遺伝子型aaの［しわ］をかけ合わせるとF_1世代は遺伝子型Aaで表現型は［丸］となる。その配偶子Aとaを掛け合わせると、F_2世代の遺伝子型はAA：Aa：aa＝1：2：1となり、Aの［丸］が優性形質であるため、表現型は［丸］：［しわ］＝3：1となる（選択肢②）。

- □優性の法則
- □分離の法則
- □遺伝子型
- □表現型

問34　正解①　染色体の構造

細胞分裂の際に、染色体は分裂前期から徐々に凝縮し、中期には長腕と短腕をもつ染色体として明瞭に観察できる。間期は分裂期以外の期間であり、細胞分裂の準備を行っているが染色体は観察できない（選択肢①）。セントロメアは染色体の長腕と短腕が交差するところで、細胞分裂時には紡錘体が結合する（選択肢②・③）。テロメアは染色体の両腕の末端の反復配列の部分で、その端は安定性に必要なヘアピン構造を示す（選択肢④・⑤）。

- □染色体
- □細胞分裂
- □セントロメア
- □テロメア

問35　正解④　染色体（クロマチンの基本構成単位）

ヌクレオソームは8量体のヒストン（選択肢d）の周囲にDNA（選択肢c）が巻き付いた構造をもつ。ヌクレオソームは、DNAを細胞核内に収納する役割をもつとともに、遺伝子発現にも関わる。ヌクレオソームが凝集したものをクロマチン（染色質）という。

- □ヌクレオソーム
- □ヒストン
- □DNA

キーワード

問36　正解⑤　DNA（相補性）

二本鎖DNAの塩基間の特異的な対合関係（相補性）は、アデニンとチミン、シトシンとグアニンの組合せである。シトシンの割合が24%の場合、対になるグアニンも24%となる。そのため、アデニンとチミンの合計は100 − 24 × 2 = 52%となり、さらにアデニンとチミンは等量であるからそれぞれ26%となる（選択肢⑤）。

□ DNA
□ A=T（A=U）
□ G≡C

問37　正解③　DNAとRNA（紫外部吸収）

DNAに含まれる塩基の極大吸収波長は260 nm付近にあるため、DNA溶液の極大吸収波長も260 nm（選択肢③）である。タンパク質を構成するアミノ酸のうち芳香族アミノ酸は280 nmの光を吸収する性質があるため、タンパク質溶液の極大吸収波長は280 nm（選択肢④）付近にあり、この波長でタンパク質の定量を行う。

□ 紫外部（260 nm）吸収

問38　正解④　DNAの物理的性質（DNAの変性）

T_m値は、二本鎖DNAの50%が一本鎖DNAに変性する温度である（選択肢a）。したがって、T_m値より低い温度では、一本鎖DNAより二本鎖DNAが多くなるため吸光度は小さくなる（選択肢c・d）。また、DNAの塩基対間の水素結合はATが2本、GCが3本のため、同じ長さのDNAの場合、GC含量が多いほどT_m値は高くなる（選択肢b）。PCRでは、T_m値を考慮してアニーリング温度の設定を行う（選択肢e）。

□ 変性
□ 一本鎖DNA
□ T_m
□ GC含量

問39　正解①　遺伝子とDNA（転写）

プロモーターは、RNAポリメラーゼ（選択肢①）が特異的に結合して転写を始めるDNA上の領域である。転写終結因子（選択肢②）はρ因子ともいい、転写を終了させる。プライマーRNA（選択肢③）は、細胞内でのDNA合成の出発点として働く。リプレッサー（選択肢④）は、特定の遺伝子の形質発現を抑える働きをもつタンパク質である。リボソーム（選択肢⑤）はタンパク質合成に関わる細胞小器官である。

□ プロモーター
□ RNAポリメラーゼ
□ リプレッサー

問40　正解①　DNAの変異（点突然変異）

ある塩基が別の塩基に置換する変異を点突然変異という。この変異があってもアミノ酸に変化が生じない場合をサイレント変異（選択肢①）という。アミノ酸が別のアミノ酸に変化する変異をミスセンス変異（選択肢⑤）、終止コドンになりタンパク質合成が止まる変異をナンセンス変異（選択肢③）という。また、1塩基の挿入あるいは欠失によりコドンの読み枠がずれる変異をフレームシフト変異（選択肢④）という。サプレッサー変異（選択肢②）は、遺伝子Aの変異によって現れた形質が遺伝子Bの変異によって打ち消される現象である。

□ サイレント変異
□ ミスセンス変異
□ ナンセンス変異
□ フレームシフト変異

キーワード

問41 正解④ **DNAの変異（紫外線による変異）**

紫外線（選択肢④）は、DNAの同一鎖の隣接したチミン間を共有結合でつなぎチミンダイマー（チミン二量体）を生成し、DNAの複製を阻害して突然変異の原因となる。チミンダイマーは可視光により活性化した光回復酵素の働きでモノマー（一量体）に戻り、これを光回復という。アクリジン色素（選択肢①）、亜硝酸（選択肢②）、アルキル化剤（選択肢③）は変異原物質である。電離放射線（選択肢⑤）はDNA鎖を切断する作用がある。

- □チミンダイマー
- □アクリジン色素
- □亜硝酸
- □アルキル化剤
- □電離放射線

問42 正解① **RNA（種類と機能）**

hnRNA（選択肢a）は真核生物の核内にある不安定で不均一なサイズのRNA集団であり、多くはmRNA（選択肢b）の前駆体と考えられている。rRNA（選択肢c）はリボソームの成分であり、snRNA（選択肢d）は核内低分子RNAで多くはスプライシングの制御に関与している。tRNA（選択肢e）はリボソームにアミノ酸を運ぶRNAである。

- □hnRNA
- □mRNA
- □rRNA
- □snRNA
- □tRNA

問43 正解② **転写産物のプロセシング（加工）**

RNAのプロセシングでは、イントロンに対応するヌクレオチドを除去する反応（選択肢b）、5' 末端にヌクレオチド（キャップ構造）を付加する反応（選択肢c）、3' 末端にヌクレオチド（mRNAのポリA構造やtRNAのCCA構造）を付加する反応（選択肢d）が知られている。アセチル基の付加（選択肢a）とホルミル基の除去（選択肢e）はタンパク質の翻訳後修飾である。

- □プロセシング
- □スプライシング
- □イントロン
- □キャップ構造
- □ポリ（A）鎖

問44 正解① **人為的組換え（ベクター）**

ベクター（vector）とは、組換えDNA実験で制限酵素などにより切断した供与体DNAの断片をつないで増幅させるために用いる自律的増殖能力をもったDNA分子である。ベクターには、導入されたDNAの存在を確認するための選択マーカー遺伝子（選択肢d）や、供与体DNAの導入位置となる制限酵素切断部位（選択肢c）が必要である。また、宿主細胞内で自律増殖するための複製開始点（選択肢e）をもつ。ベクターは、挿入するDNA断片の大きさや挿入の目的により様々な特徴を付加されたものが使い分けられている。

- □ベクター
- □複製開始点

問45 正解⑤ **染色体外のDNA**

染色体DNAとは独立して複製するDNA分子として、細胞小器官であるミトコンドリアや葉緑体がもつものや、プラスミド（選択肢⑤）がある。プラスミドは、ベクターとして遺伝子組換え実験に利用される。エキソン（選択肢①）はmRNAの前駆体がスプライシングによってつなげられる部分、岡崎フラグメント（選択肢②）はDNAの複製フォークのラギング鎖に見られる短いDNA鎖である。σ因子（選択肢③）は細菌のDNA上でプロモーターを認識するタンパク質、シス配列（選択肢④）は転写の調節に関わる領域である。

- □プラスミド
- □岡崎フラグメント

キーワード

問46 正解②　**人為的組換え（制限酵素）**

制限酵素はDNAのホスホジエステル結合を切断するエンドヌクレアーゼで（選択肢②）、反応にはMg^{2+}が必須である（選択肢⑤）。制限酵素の命名は、単離された細菌の学名の属の最初の1文字、種の最初の2文字、菌株名または血清型、続いて同じ菌株から何番目の酵素かをローマ数字で表す。*Bam*HIは*Bacillus amyloliquefaciens* H由来の制限酵素で（選択肢①）、パリンドローム構造の特定の6塩基配列を認識する（選択肢③・④）。

□制限酵素

問47 正解⑤　**転写**

原核生物では1種類のRNAポリメラーゼがすべての遺伝子の転写に関わる（選択肢①）が、真核生物は少なくとも3種類のRNAポリメラーゼをもつ（選択肢②）。rRNAも転写によって合成される（選択肢④）。多細胞生物では組織によって転写される遺伝子は異なっている（選択肢③）。転写反応の開始にプライマーは不要である（選択肢⑤）。

□転写
□RNAポリメラーゼ

問48 正解②　**原核細胞の転写**

ラクトースオペロンには*lacZ*、*lacY*、*lacA*の3つの構造遺伝子がある（選択肢①）。ラクトースが存在しないとリプレッサーの遺伝子*lacI*が発現し（選択肢②）、リプレッサーはオペレーターに結合してRNAポリメラーゼのプロモーターへの結合を阻害する（選択肢④）。ラクトースが存在するとラクトース誘導体がリプレッサーに結合することにより、オペレーターから解離するため、プロモーターにRNAポリメラーゼが結合し、ラクトースオペロンの遺伝子群が発現する（選択肢③・⑤）。

□ラクトースオペロン

問49 正解③　**真核細胞の転写**

真核生物の遺伝子において、RNAポリメラーゼⅡによる転写開始位置の上流25塩基対の位置、またはさらに上流に存在する共通した塩基配列をTATAボックス（選択肢③）という。TATAボックスは遺伝子の転写においてプロモーターとして機能し、転写開始位置を規定する配列といわれている。オペレーター（選択肢①）は遺伝子の発現を制御する塩基配列、ステムループ（選択肢②）は一本鎖の核酸が作る部分的な相補的二本鎖構造とループ構造のこと、複製フォーク（選択肢④）はDNAの複製時に二本鎖の水素結合が解離してできるY字型の領域、レポーター遺伝子（選択肢⑤）は遺伝子発現量を定量するために導入する外来遺伝子のことである。

□TATAボックス

問50 正解②　**タンパク質の合成（開始コドンと終止コドン）**

mRNAの配列を翻訳する際、64種類の3つの塩基配列（コドン）によって、開始位置、アミノ酸配列、終止位置が決まる。開始コドンはAUG、終止コドンはUAA、UAG、UGAの3種類がある。設問で与えられた配列にAUGは一つあり、それ以降3つずつコドンを

□翻訳
□開始コドン（AUG）
□終止コドン（UAA、UAG、UGA）

キーワード

つなぐと、UGAを終止コドンとする以下の読み枠が見出される。
AUG AAA GCA AUU GUA CUG AAA GGU UGG CGC ACU UCC UGA
この読み枠によりMKAIVLKGWRTS（Met Lys Ala Ile Val Leu Lys Gly Trp Arg Thr Ser）の12残基のペプチドが合成される。

問51 正解③ **真核細胞の転写**

特異的転写の活性化（選択肢③）に働くDNA領域がエンハンサーである。エンハンサーは、遺伝子活性化因子と結合して遺伝子の転写量を大幅に増大（enhance）させる。

□エンハンサー

問52 正解⑤ **RNAの種類と性質（tRNA）**

tRNAの3′末端にアミノ酸がエステル結合したものをアミノアシルtRNAという（選択肢⑤）。tRNAは核内で合成された後、細胞質に移行してリボソームでのペプチジル転移反応に用いられる（選択肢③）。タンパク質のアミノ酸配列をコードしているのはmRNA（選択肢①）、細胞内に最も多量に存在するRNAはrRNA（選択肢②）、触媒活性をもつRNAはリボザイムである（選択肢④）。

□tRNA
□アミノアシルtRNA

問53 正解③ **遺伝情報の流れ（コドン）**

mRNAの連続した3つの塩基配列（コドン）によってアミノ酸が指定される（選択肢①）が、20種類のアミノ酸に対してコドンは64種類存在し、一つのアミノ酸に対して複数のコドンが対応する場合が多い（選択肢②）。コドンとアミノ酸の対照表（コドン表）は大腸菌を用いた実験から作成されたが、その後核遺伝子やミトコンドリア遺伝子、真正細菌などにおいて大腸菌のコドン表に従わないコドンが発見された（選択肢③）。メチオニンに対応するコドンは開始コドンでもあり（選択肢④）、終止コドンはどのアミノ酸にも対応しないためペプチド合成が終了する（選択肢⑤）。

□翻訳
□開始コドン
□終止コドン

問54 正解① **タンパク質の合成（翻訳後修飾）**

タンパク質の翻訳後修飾には、リン酸化（選択肢⑤）、糖鎖の付加（選択肢④）、ジスルフィド結合の形成（選択肢②）、タンパク質の部分分解（選択肢③）などがある。エキソンの連結（選択肢①）は真核生物のmRNAの成熟化に必要な転写後修飾である。

□翻訳後修飾
□リン酸化
□糖鎖の付加
□タンパク質の部分切断
□ジスルフィド結合

問55 正解③ **タンパク質の合成（分子シャペロン）**

分子シャペロンは、タンパク質の折りたたみ過程を介添えするほかに、膜透過、品質管理、タンパク質分解などの過程に関わる（選択肢①）。シャペロニンはその一種であり（選択肢②）、ATPのエネルギーを用いてタンパク質の折りたたみを助けている（選択肢④）。熱ショックタンパク質（HSP）も分子シャペロンの一種であり、熱などのストレスによって発現量が増大する（選択肢③）。コラーゲンに特異的に働く分子シャペロンのように、特定の基質にのみ作用す

□分子シャペロン
□シャペロニン
□熱ショックタンパク質

キーワード

るものがある（選択肢⑤）。

問56 正解④ **抗原と抗体（ハプテン）**

ハプテンは、抗体との結合能はもつが（選択肢b）、単独では免疫応答を誘導する能力（免疫原性）をもたない低分子量の物質である（選択肢a・c）。ハプテンはタンパク質などの担体（キャリア）と結合すると免疫原性をもつようになる。ペニシリン系抗菌薬はその例である（選択肢e）。一般に触媒活性はもたない（選択肢d）。

□ハプテン
□キャリア
□抗体（IgA、IgG、IgM、IgE、IgD）

問57 正解② **免疫グロブリン**

免疫グロブリンは抗体分子のことで、B細胞から分化した形質細胞（プラズマ細胞）により産生される（選択肢e）。IgA、IgD、IgE、IgG、IgMの5つのクラスがある（選択肢b）。分子内に可変領域と定常領域があり、前者の多様性によりさまざまな抗原認識が可能になり（選択肢a）、L鎖（Light chain）はH鎖（Heavy chain）より分子量が小さい（選択肢d）。一つの細胞は1種類の免疫グロブリン分子を産生し（選択肢c）、これを利用してモノクローナル抗体産生細胞を作製する。

□抗体
□H鎖
□L鎖
□プラズマ（形質）細胞

問58 正解⑤ **免疫担当細胞（マクロファージ）**

マクロファージは大食細胞ともよばれ、骨髄の多能性造血幹細胞に由来する（選択肢①）。旺盛な貪食能をもち（選択肢②）、貪食された異物は細胞内のリソソームで消化されて（選択肢③）、その断片はT細胞に抗原提示される（選択肢④）。細胞の成熟で核が失われるのは赤血球である（選択肢⑤）。

□マクロファージ
□T細胞
□抗原提示細胞

問59 正解③ **免疫応答（アレルギー）**

5種類の抗体のうち、IgE（選択肢③）はアレルギー反応に関与するとされる。アレルギー原因物質（アレルゲン）を排除しようとする免疫機能が働いてIgEが作られると、再度アレルゲンが体内に入った際にアレルギー症状が引き起こされる。IgA（選択肢①）は血清型と分泌型があり、細菌の侵入を防ぐ。IgG（選択肢④）は血液中に多く、細菌や毒素と結合する。IgM（選択肢⑤）は特定の抗原が初めて体内に入ったときにB細胞から作られ、感染初期に働く。IgD（選択肢②）の機能はまだ十分に解明されていない。

□抗体（IgA、IgG、IgM、IgE、IgD）

問60 正解④ **免疫担当細胞（T細胞）**

骨髄で産生されたT細胞（選択肢④）は、胸腺（Thymus）において分化、成熟し、免疫応答の調節などに関わる。B細胞（選択肢⑤）は骨髄（Bone）で成熟し抗体を産生する。樹状細胞（選択肢③）は異物を取り込んで抗原提示細胞となる。ES細胞（選択肢①）は胚性幹細胞、NK細胞（選択肢②）は自然免疫応答において傷害活性を示すリンパ球である。

□胸腺
□T細胞
□B細胞
□NK細胞

遺伝子工学

キーワード

問61 正解① 核酸の構造

二本鎖DNAの両鎖とも切れ目がない環状DNAをcccDNA(covalently closed circular DNA：閉環状DNA)、一方の鎖中に切れ目のあるDNAをocDNA(open circular DNA：開環状DNA)という。環状に対して直鎖状のDNAをlinear DNA(線状DNA)という。

- □ ocDNA
- □ cccDNA
- □ linear DNA
- □ ニック

問62 正解④ 核酸の構造

DNAの変性は、二本鎖DNAが試験管内において、温度やpHなどの条件を変えることによって一本鎖になることであり(選択肢④)、制限酵素による切断ではない(選択肢⑤)。細胞外の現象であるため、新しい遺伝形質が生じることはない(選択肢①)。二本鎖DNAはさらにねじれて超らせん構造を形成する(選択肢②)。たとえば制限修飾系における修飾酵素によって塩基がメチル化されることがあるが、これは修飾であり、変性ではない(選択肢③)。

- □ DNAの変性

問63 正解② 核酸の構造(パリンドローム)

パリンドロームは二本鎖DNA中の対称構造で、例えば下記のように相補鎖をそれぞれ同じ方向(5′→3′)からみると同一の塩基配列をもつ部位のことをいう(選択肢②)。

5′-TCCGGA-3′
3′-AGGCCT-5′

一本鎖RNAは配列によっては局所的に二重らせん構造を形成するが、その二重らせん部分をステム、その間の一本鎖の部分をループという(選択肢①)。真核細胞のmRNAの5′末端に存在する特異的な構造はキャップ構造(選択肢③)、3′末端にあるAMPの重合構造はポリ(A)鎖という(選択肢④)。人工的に作製したベクターにおいて制限酵素切断部位が集まった部分はマルチクローニングサイト(MCS)である(選択肢⑤)。

- □ パリンドローム

問64 正解④ 酵素(アルカリホスファターゼ)

アルカリホスファターゼは最適pHをアルカリ性にもち、リン酸モノエステル結合を加水分解する酵素である(選択肢④)。遺伝子操作などで、線状DNAの5′末端のリン酸基を除くために用いられる。特定の塩基配列を認識して切断するのは制限酵素(選択肢①)、RNAを鋳型にして相補的なDNAを合成するのは逆転写酵素(選択肢②)、DNAを鋳型として相補的なDNAを合成するのはDNAポリメラーゼ(選択肢③)、一本鎖または二本鎖DNAの末端からホスホジエステル結合を分解するのはエキソヌクレアーゼ(選択肢⑤)である。

- □ アルカリホスファターゼ

キーワード

問65 正解⑤ **酵素（DNA リガーゼ）**

5′末端にリン酸基のついたDNA分子と3′末端にヒドロキシ基のあるDNA分子をDNAリガーゼにより共有結合させる反応をライゲーションという（選択肢⑤）。クローニング（選択肢①）は不特定多数のDNA断片をベクターに連結し、宿主細菌に導入して特定のDNA断片をもつクローンを選別すること、スプライシング（選択肢②）は遺伝子DNAから転写されたmRNAからイントロン、すなわちタンパク質のアミノ酸配列をコードしない部分が切り取られて成熟mRNAとなる反応、PCR（選択肢④）はDNA鎖の特定部位のみを複製し増幅させる反応、DNAシークエンシング（選択肢③）はDNAの塩基配列を決定する方法のことである。

□ライゲーション

問66 正解② **酵素（オリゴヌクレオチド）**

数個から数十個のヌクレオチドがホスホジエステル結合で重合したものをオリゴヌクレオチドとよぶ（選択肢①）。主な用途としてハイブリダイゼーションのプローブ（選択肢④）、DNA塩基配列決定のためのプライマー（選択肢⑤）、PCRのためのプライマーなどがある。固体の担体に結合した単量体を出発として、重合と保護基の脱保護を繰り返すことによって数十塩基程度のオリゴヌクレオチドを合成できる（選択肢③）。通常は複製開始に必要な配列をもたないため、細胞内で自己複製することはできない（選択肢②）。

□オリゴヌクレオチド

問67 正解① **宿主・ベクター（カラーセレクション）**

IPTG（選択肢a）は、大腸菌ラクトースオペロンの発現を誘導する物質である。X-gal（選択肢b）は、そのオペロン中に遺伝子がコードされるβ-ガラクトシダーゼの基質で、分解されると青色を呈する。ベクター上のβ-ガラクトシダーゼ遺伝子を分断するように別のDNAを連結し、これら二つの試薬を含む培地で青くならない大腸菌を選別することにより、そのDNAをクローニングできる。遺伝子工学において、クロロホルム（選択肢c）はフェノールと共に用いて核酸の精製に、臭化エチジウム（エチジウムブロミド；選択肢d）はアガロースゲル電気泳動の際に核酸を染色するために用いられる。リゾチーム（選択肢e）は*N*-アセチルムラミン酸と*N*-アセチルグルコサミン間の$\beta 1 \rightarrow 4$結合を加水分解する酵素である。

□IPTG
□X-gal

問68 正解⑤ **宿主・ベクター（pUC系ベクター）**

pUC系ベクターは、大腸菌内で複製可能な配列と選択マーカーとしてアンピシリン耐性遺伝子（選択肢d）、*lacZ*遺伝子内にマルチクローニングサイト（選択肢e）などをもつプラスミドベクターである。大腸菌を宿主とするファージのうち、線状二本鎖DNAをもち、両末端に粘着性の*cos*部位をもつのはλファージである（選択肢a・b・c）。

□pUC18/19
□薬剤耐性
□マルチクローニングサイト（MCS）

キーワード

問69 正解① 宿主・ベクター（クローニングベクター）

ゲノム分析において巨大なDNA断片をクローン化することを目的として開発されたベクターとして、酵母を宿主とするYAC（Yeast Artificial Chromosome）ベクター、および大腸菌を宿主とするBAC（Bacterial Artificial Chromosome）ベクターがある。またコスミドベクターは、大腸菌λファージの*cos*部位をもったプラスミドベクターである。クローニングできるDNA断片の長さは、YACベクターの場合は1Mbを超える程度まで、BACベクターは300kb程度まで、コスミドベクターは40kb程度までである。

- □YAC
- □BAC
- □コスミド

問70 正解⑤ 形質転換（コンピテントセル）

形質転換の際に、細胞外のDNAを取り込みうる状態になった細胞をコンピテントセルとよび（選択肢①）、遺伝子組換え実験で多用される（選択肢②）。細胞膜の透過性を高めたものだが、細胞膜を溶解したものではない（選択肢⑤）。多くは大腸菌へ遺伝子導入を行う時に用いる菌体の意味で使われる（選択肢④）。その作製には、当初塩化カルシウム法（選択肢③）が開発され、その後高効率の方法がいくつか開発されている。

- □コンピテントセル
- □塩化カルシウム法

問71 正解② 酵素（クレノウ酵素）

クレノウ酵素は、クレノウフラグメント、またはDNAポリメラーゼIラージフラグメントともよばれ、大腸菌のDNAポリメラーゼIのうち、5'→3'エキソヌクレアーゼ活性をもつ領域が欠失しており、DNAポリメラーゼ活性（選択肢e）と3'→5'エキソヌクレアーゼ活性（選択肢a）をもつ酵素である。5'→3'エキソヌクレアーゼ活性をもたないため、プライマーの分解の問題が生じない。

- □クレノウ酵素
- □エキソヌクレアーゼ
- □DNAポリメラーゼ

問72 正解⑤ DNAの標識（ニックトランスレーション）

ニックトランスレーションは、DNAを試験管内で標識する方法の一つである。方法として、DNA断片に低濃度のDNase IによってDNAにランダムにニックを入れる（選択肢①）。そしてDNAポリメラーゼのエキソヌクレアーゼ活性によってニックからDNA鎖を消化してギャップを生じさせる一方、その重合活性によって修復するため（選択肢②）、DNA鎖を新たに合成した鎖に置き換える。このとき、基質として例えばジゴキシゲニンで標識したヌクレオチドを用いることによってDNA鎖を標識する（選択肢③・④）。ランダムオリゴヌクレオチドをプライマーとして使用するのは、ランダムプライムラベル法である（選択肢⑤）。

- □ニックトランスレーション
- □DNase
- □ラベル（標識）

問73 正解⑤ 塩基配列解析

ddNTP（ジデオキシリボヌクレオチド3リン酸）は、A、T、G、Cの4種類の塩基（選択肢①）、2'位と3'位に酸素原子をもたないリボース（選択肢③・④）、およびエステル結合したトリリン酸から構成されるヌクレオチドである（選択肢⑤）。転写反応ではなく（選択

- □ddNTP
- □リボース
- □サンガー（ジデオキシ）法

キーワード

肢②)、DNAの塩基配列を解析するサンガー法（ジデオキシ法）においてDNAポリメラーゼの基質類似体となり、伸長途上のDNA鎖の3′末端に取り込まれるが、3′水酸基をもたないためこれ以後の3′-5′ホスホジエステル結合が形成されないので、鎖伸長のターミネーターとして作用する。その長さを解析することにより塩基配列解析を行う。

問74 正解②　**核酸の抽出**

DNAの抽出に際し、Mg^{2+}に依存して機能するDNaseの働きを抑えるために、Mg^{2+}のキレート剤としてEDTAを添加する（選択肢a）。またタンパク質を分解するために、タンパク質分解酵素プロテイナーゼKを用いる（選択肢e）。カタラーゼ（選択肢c）は過酸化水素を分解する酵素、デキストラン（選択肢d）は$\alpha 1 \rightarrow 6$結合を主体とする粘質性のグルカンで、塩化カルシウム（選択肢b）も含め、一般にDNAの抽出のために用いることはない。

□ EDTA
□ プロテイナーゼK

問75 正解④　**核酸の抽出（フェノール・クロロホルム抽出）**

フェノールには、タンパク質を変性させ、不溶化する作用があるため、タンパク質が水層と有機層の境界に集まる（選択肢④）。DNAやRNA（選択肢①）、カルシウムイオン（選択肢②）、糖質（選択肢⑤）は水層に、脂質（選択肢③）は有機層に移行する。なお、クロロホルムはフェノールが水層に残るのを抑えるために加えられる。

□ フェノール・クロロホルム抽出

問76 正解①　**核酸の抽出（RNAの抽出）**

RNAを抽出する際にはRNaseの混入のない試薬を用いる必要がある。DEPC（ジエチルピロカーボネート）はRNaseの活性中心にあるヒスチジン残基を修飾することで、不可逆的にその活性を阻害する（選択肢①）。タンパク質分解酵素を失活させることはできるかもしれないが、それが目的ではない（選択肢④）。RNAの可溶化（選択肢②）、DNAの分解（選択肢③）、pH変化（選択肢⑤）の作用はない。

□ DEPC処理水
□ RNase

問77 正解②　**DNAの増幅（PCR）**

PCR（Polymerase Chain Reaction）はDNA鎖の特定部位を増幅する反応で、鋳型DNA（選択肢①）に増幅部両端の塩基配列に対応した合成オリゴヌクレオチドをプライマー（選択肢⑤）として加え、(1) 90℃以上に加熱して二本鎖DNAを変性し、(2) オリゴヌクレオチドの鋳型DNAへのアニーリング、(3) dNTP（選択肢④）を基質として耐熱性DNAポリメラーゼ（選択肢③）による相補鎖合成、の3反応を繰り返す。DNA分解酵素である制限酵素（選択肢②）はPCRでは使用しない。

□ PCR
□ DNAポリメラーゼ
□ dNTP（dATP、dGTP、dCTP、dTTP）
□ 鋳型DNA
□ プライマー

問78 正解④　**遺伝子産物の検出（ウェスタンブロット法）**

ウェスタンブロット法は、SDS-PAGEによって分離したタンパク質を疎水性メンブレンに転写し、抗体によって検出する方法である

□ ウェスタンブロット法
□ SDS-ポリアクリルアミドゲル電気泳動（SDS-PAGE）

キ ー ワ ー ド

(選択肢④)。電気泳動とメンブレンを用いて同様にDNAを検出するのはサザンブロット法（選択肢①)、細胞に存在する特定の核酸塩基の局在を検出するのは *in situ* ハイブリダイゼーションである（選択肢②)。レポーター遺伝子（選択肢③）やPCR（選択肢⑤）とは関連がない。

問79 正解④　**遺伝子の検出（電気泳動）**

電気泳動を行う緩衝液中において、核酸はリン酸基が負に荷電するため、電場では－極から＋極へ移動する。これをアガロースゲルやポリアクリルアミドゲルなどの担体内で泳動すると、鎖長の長い核酸は移動しづらく、短い核酸は移動しやすいため、分子量による移動度の違いが生じる。これにより核酸を分子量で分離する。

□電気泳動

問80 正解④　**遺伝子の検出（ハイブリダイゼーション）**

RNAをアガロースゲル電気泳動などで分離後、ナイロン膜などに転写し、DNAをプローブとして特定のRNAを検出する方法をノーザンハイブリダイゼーションという（選択肢④)。同様にDNAを検出するのはサザンハイブリダイゼーション（選択肢③）である。コロニーハイブリダイゼーション（選択肢②）は、寒天培地上のコロニーを膜に転写して特定のDNAを、プラークハイブリダイゼーション（選択肢⑤）はファージにより形成されるプラーク内の特定のDNAを検出する方法である。*in situ* ハイブリダイゼーション（選択肢①）は、細胞や組織中にある特定のDNAまたはRNAを直接検出する方法である。

□ノーザンハイブリダイゼーション

問81 正解⑤　**モノクローナル抗体**

モノクローナル抗体は単一クローンの抗体産生細胞が産生する抗体である。その作製法は、さまざまな抗原決定基を認識する抗体産生細胞群を含む脾臓細胞を不死化、すなわちがん細胞であるミエローマ（選択肢⑤）と細胞融合させてハイブリドーマ（選択肢②）とし、それらから目的とする抗体を産生する細胞をスクリーニングする。幹細胞（選択肢①）は分化成熟する前の細胞、プラズマ細胞（選択肢③）はB細胞が最終的な分化を完了して抗体を産生する細胞、マクロファージ（選択肢④）は外部から侵入した細菌や体内で生じた死細胞などを貪食する細胞である。

□モノクローナル抗体
□脾臓細胞
□骨髄腫（ミエローマ）細胞

問82 正解①　**モノクローナル抗体**

モノクローナル抗体産生細胞を作製するには脾臓細胞とミエローマ細胞を融合させる。その融合細胞だけが生育できるHAT培地は、ヒポキサンチン（H)、アミノプテリン（A)、チミジン（T）を含む（選択肢a・b・c)。ヌクレオチドの合成には、*de novo* 経路とサルベージ経路の二つがある。ミエローマ細胞はサルベージ経路を欠損する一方、*de novo* 合成はアミノプテリンにより阻害されるため、HAT培地では増殖できない。そこで脾臓細胞と融合してサルベー

□HAT培地
□ヒポキサンチン
□アミノプテリン
□チミジン

キーワード

ジ経路を獲得すれば、ヒポキサンチンとチミジンを取り込むことによってヌクレオチド合成が可能となり、無限増殖能と抗体産生能を併せもつ細胞の候補が得られる。

問83 正解③　**遺伝子導入（マイクロインジェクション）**

マイクロインジェクション法（選択肢③）は、非常に細いガラス管を使用して、通常は顕微鏡下で細胞、核酸、蛍光色素、タンパク質などを細胞内に直接導入する方法で、未受精卵に精子を注入することも行われる。エレクトロポレーション法（選択肢①）は数千 V/cm の高電圧パルスをかけて DNA を細胞内に入れたり、1 MHz 程度の高周波交流電圧をかけて細胞融合などに用いられる。パーティクルガン法（選択肢②）は DNA 溶液が付着した金またはタングステンの微粒子を、リポフェクション法（選択肢④）は DNA を内包した脂質膜小胞を、リン酸カルシウム法（選択肢⑤）はリン酸カルシウムと DNA の複合体を形成させ、それらを細胞に取り込ませることにより DNA を導入する方法である。

□ マイクロインジェクション

問84 正解①　**発生工学（ヌードマウス）**

ヌードマウスは先天性胸腺欠損マウスで、胸腺欠損（選択肢 b）および体毛欠損（選択肢 c）が形質として発現される。胸腺は T 細胞の分化および成熟する場であるため、成熟 T 細胞が産生できず、異種移植に際して拒絶反応が起こらない（選択肢 a）。このことを利用して、ヒト細胞を対象とした研究をマウスの体内で再現したり、ヒト悪性腫瘍に対する抗がん剤のスクリーニングなどが行われる。受精卵に特定の遺伝子を導入して得られるのはトランスジェニックマウス（選択肢 d）、遺伝子型の異なる細胞が共存するのはキメラマウスである（選択肢 e）。

□ ヌードマウス
□ 胸腺

問85 正解③　**発生工学（ES 細胞）**

胚性幹細胞（embryonic stem cells；選択肢①）とは、動物の発生初期段階である胚盤胞期の胚の一部に属する内部細胞塊より作られる幹細胞株のことであり（選択肢②）、英語の頭文字をとって ES 細胞とよばれる。胎児を構成するすべての細胞へと分化する多能性をもち（選択肢④）、かつ半永久に増殖する能力を併せもつ。ヒトの生命の始まりであるヒト胚を破壊して作製することは、倫理面で問題があるとされる（選択肢⑤）。体細胞に遺伝子を導入して初期化するのは、iPS 細胞である（選択肢③）。

□ 胚性幹細胞（ES 細胞）

問86 正解③　**植物細胞工学（プロトプラスト）**

プロトプラストとは、高張液中において細菌や植物細胞の細胞壁分解酵素で処理することによって得られる細胞である。植物細胞をプロトプラストにするには、植物細胞壁の成分であるセルロースをセルラーゼ（選択肢 b）で、ペクチンをペクチナーゼ（選択肢 c）で溶解する。プロトプラストは、外来遺伝子の導入や細胞融合などに用いられ、その後適切な条件で培養して植物体を再生できる。アミ

□ プロトプラスト
□ セルラーゼ
□ ペクチナーゼ

ラーゼ（選択肢 a）はデンプンを分解する酵素の総称、ペプシン（選択肢 d）は胃に分泌される酸性プロテアーゼ、リゾチーム（選択肢 e）は *N*-アセチルムラミン酸と *N*-アセチルグルコサミンの $\beta 1 \rightarrow 4$ 結合を加水分解する酵素である。

問87 正解③ **植物細胞工学（細胞融合）**

植物細胞をプロトプラストにした後、細胞融合する際には、PEG（ポリエチレングリコール；選択肢③）を用いるか、電気パルス法を用いる。センダイウイルス（選択肢①）は動物細胞の融合作用をもつウイルス、トリプシン（選択肢②）はタンパク質分解酵素、マイトマイシン（選択肢④）は抗腫瘍抗生物質である。リン酸カルシウム（選択肢⑤）は遺伝子工学では、例えば動物細胞へのDNAの導入などに用いる。

問88 正解② **植物組織培養**

半数体、すなわち染色体数が半分の植物を得るには、減数分裂後の花粉あるいは花粉を含む葯を培養する（選択肢 a・e）。カルス培養（選択肢 b）は、分化した植物組織の一部を適切な培地で培養して、脱分化した無定型の組織塊を得る方法である。茎頂培養（選択肢 c）は、植物の茎の成長点を含む小組織を切り出し、培養して植物体まで育成する方法で、成長点付近にはウイルスの存在確率が低いことを利用してウイルスフリー植物が得られる。胚培養（選択肢 d）は、種子から胚を取り出して培養し、雑種の植物個体へ育成させる方法で、ハクサイとキャベツの雑種ハクランなど、多数の雑種植物が作られてきた。

問89 正解③ **植物成長調節物質（植物ホルモン）**

頂芽優勢とは、頂芽が存在すると頂芽は優先的に成長するのに対し、側芽の成長が抑えられる現象で、これは頂芽で産生され、下方器官に供給されるオーキシン（選択肢③）により起きる。これと拮抗的に作用するのがサイトカイニン（選択肢④）である。アブシシン酸（選択肢①）は成長抑制や休眠促進、ジベレリン（選択肢⑤）はその逆に成長促進、休眠打破、単為結果などを促進する。エチレン（選択肢②）は、果実の成熟、老化、発芽の促進などの作用が知られている。

問90 正解③ **植物細胞工学（Ti プラスミド）**

Ti プラスミドは、土壌細菌リゾビウム・ツメファシエンス（アグロバクテリウム・ツメファシエンス）がもつプラスミドで（選択肢②）、植物にクラウンゴールとよばれる腫瘍を形成する（選択肢①）。植物細胞内に導入される T-DNA 部分に植物ホルモン合成酵素遺伝子をもつが、抗生物質耐性遺伝子はもたない（選択肢③）。*vir* 領域がコードする遺伝子産物の働きにより T-DNA 領域が植物細胞に導入される（選択肢④）。遺伝子導入に必要な部分を分乗させたバイナリーベクターが用いられる（選択肢⑤）。

キーワード

- □ PEG（ポリエチレングリコール）
- □ 細胞融合
- □ プロトプラスト
- □ 半数体
- □ 葯培養
- □ 植物成長調節物質（植物ホルモン）
- □ オーキシン
- □ Ti プラスミド
- □ クラウンゴール
- □ T-DNA
- □ バイナリーベクター

バイオテクノロジー総論

キーワード

問1 正解① **吸光光度法（ランベルト・ベールの法則）**

ランベルト・ベールの法則は、希薄溶液の吸光度 A は溶液のモル濃度 c と光路長 l に比例する（$A = \varepsilon cl$）ことを示す式で、このとき ε（モル吸光係数）は物質に固有の値である（選択肢①）。$E = mc^2$（選択肢②）は質量とエネルギーの等価性とその定量関係を表す相対性理論の式、$F = ma$（選択肢③）は物体の運動方程式（ニュートンの方程式）、$F = mr\omega^2$（選択肢④）は遠心力が半径と角速度の2乗に比例することを表す。$PV = nRT$（選択肢⑤）は理想気体の状態方程式である。

- □ランベルト・ベールの法則
- □吸光度
- □モル吸光係数
- □セル長（光路長）

問2 正解④ **吸光光度法**

表の値から物質Aの水溶液の濃度と吸光度は、2～20 mg/L の範囲で比例関係にあり、比例定数は 0.06 / 2 ＝ 0.03 となる。未知濃度試料の吸光度は 0.42 であるので、0.42 / 0.03＝14（mg/L）となる（選択肢④）。

- □吸光度
- □ランベルト・ベールの法則

問3 正解③ **分離分析法（高速液体クロマトグラフィー）**

HPLC（高速液体クロマトグラフィー）の移動相は液体で（選択肢①）、高圧送液ポンプを用いることにより短時間で分析ができる（選択肢②）。カラム温度が変化すると試料成分が溶出するまでの時間が変化するので、対象とする物質により適切な温度を設定することが必要である（選択肢③）。標準試料の保持時間と試料の保持時間を比較することで、試料に含まれる物質の推定ができる（選択肢④）。また標準試料のピーク面積から得られた検量線により、試料に含まれる物質の定量ができる（選択肢⑤）。

- □高速液体クロマトグラフィー（HPLC）
- □移動相
- □ピーク面積

問4 正解⑤ **分離分析法（ガスクロマトグラフィー）**

ガスクロマトグラフ（GC）はガスクロマトグラフィーを行う装置のことであり、移動相は気体で、分析可能な試料は気体及び試料気化室で気化する液体である。検出器として、水素炎イオン化検出器（FID；選択肢 d）や熱伝導度検出器（TCD；選択肢 e）などが用いられる。蛍光（FL）検出器（選択肢 a）、紫外可視分光（UV/Vis）検出器（選択肢 b）、示差屈折率（RI）検出器（選択肢 c）は、すべて高速液体クロマトグラフィー（HPLC）の検出器である。

- □ガスクロマトグラフィー
- □FID（水素炎イオン化検出器）
- □TCD（熱伝導度検出器）
- □UV 検出器
- □示差屈折率（RI）検出器

キーワード

問5 正解④ **分離分析法（電気泳動）**

電気泳動法は、荷電した粒子が電場の中を移動する現象を利用した分離分析法である（選択肢a）。SDS-PAGEに使用するSDS（ドデシル硫酸ナトリウム）は陰イオン界面活性剤で、試料中のタンパク質分子に結合して分子全体を負電荷とするため、タンパク質は陽極に向かって移動する（選択肢b）。BPBは泳動の際の先端マーカー色素である（選択肢c）。ゲル電気泳動では、ゲル濃度が高いほど網目構造が密になるので、粒子は移動することが難しくなり移動距離は短くなる（選択肢d）。アクリルアミドゲル電気泳動は数百bp程度までの核酸の分離に適しており（選択肢e）、それより分子量の大きな核酸はアガロースゲル電気泳動が用いられる。

- □ BPB（ブロモフェノールブルー）
- □ SDS-ポリアクリルアミドゲル電気泳動（SDS-PAGE）
- □ ポリアクリルアミドゲル電気泳動

問6 正解① **大型機器（遠心機）**

遠心機に用いるスイングローター（水平ローター）は、遠心管をセットするバケットまたはラックが水平に回転し、沈殿は遠心管の底にできる。アングルローター（固定角ローター）は、回転軸に対して一定の角度でチューブが固定されているため（選択肢a）、沈殿は底の側面にできる（選択肢b）。どちらのローターも遠心する際にはバランスを取るため、回転軸に対称となるように配置する（選択肢c）。細胞小器官の分離には、スイングローターを用いた密度勾配遠心が適している（選択肢d・e）。

- □ アングルローター
- □ スイングローター

問7 正解⑤ **大型機器（クリーンベンチ）**

クリーンベンチは、HEPAフィルターを通した清浄空気を庫内に導入することで（選択肢b）、清浄度を保ち試料の汚染を防ぐことができる作業台である。装置内部の殺菌には紫外線ランプを使用する（選択肢c）。内部を陽圧にすることで（選択肢a）、作業開口部から空気とともに埃などが流入するのを防ぐため、開口部はできるだけ大きくしないようにする（選択肢d）。安全キャビネットは装置内部の空気をHEPAフィルターでろ過して排出し、微生物などの外部への漏出を防止できるが、クリーンベンチはそのまま排出されるため安全キャビネットの代用はできない（選択肢e）。

- □ クリーンベンチ
- □ HEPAフィルター
- □ 安全キャビネット
- □ UV灯

問8 正解⑤ **小型機器（顕微鏡）**

生物顕微鏡は、試料を透過した光によって観察するもので、生体の薄切切片や細菌などの観察に用いる（選択肢①）。位相差顕微鏡は、位相の差を明暗のコントラストに変換して観察するもので、無色の試料や生細胞の観察に適している（選択肢②）。実体顕微鏡は、植物の茎頂組織や昆虫などをそのまま観察するのに適している（選択肢③）。走査型電子顕微鏡は、試料に電子線をあて、反射した二次電子から得られる像を観察するもので、試料の表面構造を立体的に観察できる（選択肢④）。透過型電子顕微鏡は、超薄切片にした試料に電子線を照射して透過した像を観察する（選択肢⑤）。蛍光色素で標識した組織切片の観察は、蛍光顕微鏡を用いる。

- □ 生物顕微鏡
- □ 位相差顕微鏡
- □ 実体顕微鏡
- □ 走査型電子顕微鏡（SEM）
- □ 透過型電子顕微鏡（TEM）

問9 正解④ **小型機器（マイクロピペッター）**

マイクロピペッターは、種類により計量できる範囲が定まっており（選択肢b）、実験の目的により選択する。使用時には、ダイヤルの数値をゆっくり下げながら分取する液量を設定する（選択肢a）。揮発性が高い溶液を扱う場合や、先端を上に向けて使用すると、本体内部に試料が入ってコンタミネーションや故障の原因となる（選択肢c・d）。液体の性質や実験の目的に応じて、吸い上げ方や吐出のさせ方を工夫する必要があり、粘性の高い溶液を扱う際にはゆっくり操作する（選択肢e）。

キーワード
- □ マイクロピペッター

問10 正解② **大型機器（X線回折装置）**

ワトソンとクリックは、DNAが正確に複製されることや、塩基のアデニンとチミン、グアニンとシトシンの割合が一定であること、及びDNAの結晶にX線を照射して得た回折像（選択肢②）などから、DNAが二重らせん構造であるという仮説を提唱した。

- □ X線回折装置
- □ HPLC
- □ 蛍光顕微鏡
- □ 原子吸光光度計
- □ 質量分析計

問11 正解③ **バイオテクニカルターム（実験）**

densityは密度のことであり（選択肢③）、沈殿はprecipitateという。

- □ absorbance
- □ concentration
- □ density
- □ stirring
- □ suspension

問12 正解⑤ **バイオテクニカルターム（器具）**

通常、固体培地はシャーレ（dish；選択肢①、またはplate；選択肢③）や試験管（test tube；選択肢④）を用い、液体培地は試験管やフラスコ（flask；選択肢②）を用いる。tip（選択肢⑤）はマイクロピペッターに装着するもので、培養容器としては使用しない。

- □ dish
- □ flask
- □ plate
- □ test tube
- □ tip

問13 正解① **バイオテクニカルターム（機器）**

吸引ろ過をする際に用いるのはaspirator（アスピレーター；選択肢①）である。autoclave（選択肢②）はオートクレーブ（高圧蒸気滅菌器）、incubator（選択肢③）はインキュベーター（ふ卵器・培養器）、microscope（選択肢④）は顕微鏡、shaker（選択肢⑤）は攪拌機である。

- □ aspirator
- □ autoclave
- □ incubator
- □ microscope
- □ shaker

問14 正解⑤ **バイオテクニカルターム（元素）**

メチオニンは側鎖にイオウ（S）（sulfur；選択肢⑤）を含む含硫アミノ酸である。calcium（選択肢①）はカルシウム（Ca）、copper（選択肢②）は銅（Cu）、iron（選択肢③）は鉄（Fe）、magnesium（選択肢⑤）はマグネシウム（Mg）である。

- □ calcium
- □ iron
- □ sulfur
- □ copper
- □ magnesium

キ ー ワ ー ド

問15 正解④ **バイオテクニカルターム（物質）**

リボース（ribose；選択肢⑤）やデオキシリボース（deoxyribose；選択肢②）の1′位に塩基（base；選択肢①）が結合した化合物をヌクレオシド（nucleoside）といい、ヌクレオシドの5′位にリン酸がエステル結合した化合物をヌクレオチド（nucleotide）という。すなわち、nucleotideからphosphoric acid（リン酸）を除去するとnucleoside（選択肢④）となる。

- □ base
- □ deoxyribose
- □ phosphoric acid
- □ ribose
- □ nucleoside
- □ nucleotide

問16 正解③ **バイオテクニカルターム（細胞・生物）**

*in vivo*は「生体内の」（選択肢③）の意味で、*in vitro*は「試験管内の」あるいは「生体外の」（選択肢②）という意味である。「新たな」（選択肢①）は*de novo*、「元の場での」（選択肢⑤）は*in situ*という表現が用いられる。

- □ *de novo*
- □ *in situ*
- □ *in vitro*
- □ *in vivo*

問17 正解③ **バイオテクニカルターム（分子生物学・遺伝子工学）**

transcriptionは転写（選択肢a）、transformationは形質転換（選択肢d）、translationは翻訳（選択肢e）のことである。複製はreplicationという。

- □ transduction
- □ transferase
- □ transformation
- □ translation
- □ transcription

問18 正解④ **バイオテクニカルターム（免疫・細胞工学）**

免疫担当細胞として、lymphocyte（リンパ球；選択肢c）やmacrophage（マクロファージ；選択肢d）などがある。bacteriophage（バクテリオファージ；選択肢a）はバクテリアを宿主とするウイルスで、protoplast（プロトプラスト；選択肢e）は細胞壁をなくした状態の細胞のこと、embryonic stem cell（胚性幹細胞；選択肢b）は受精卵から作られた幹細胞である。

- □ macrophage
- □ lymphocyte
- □ embryonic stem cell（ES cell）

問19 正解① **バイオテクニカルターム（接頭語・接尾語・単位）**

anti-（選択肢a）は「抗」を意味する接頭語であり、-ase（選択肢b）は酵素を表す接尾語である。例として、それぞれantibody（抗体）やtransferase（転移酵素）などがある。co-（選択肢c）は「同じ、共に」、cyto-（選択肢d）は「細胞の」、-ose（選択肢e）は「糖」を表す接頭語または接尾語である。

- □ anti-
- □ cyto-
- □ co-
- □ -ase
- □ -ose

問20 正解② **バイオテクニカルターム（総合問題）**

選択肢②において、加えたhydrochloric acid solutionは酢酸溶液ではなく塩酸溶液であり、試験管に分注後オートクレーブ滅菌したのであって、オートクレーブ滅菌した試験管に分注したわけではない。

- □ hydrochloric acid

キーワード

問21 正解⑤ **法令（カルタヘナ議定書）**

カルタヘナ議定書は、生物の多様性を保全するための国際的なルールであり（選択肢 a）、遺伝子組換え生物（LMO）の国境を越える移動についても定めている（選択肢 b）。議定書を円滑に実施するために各国で定められている法律を「カルタヘナ法」という（選択肢 c）。日本におけるカルタヘナ法の主務大臣は、財務、文部科学、厚生労働、農林水産、経済産業、環境省の各大臣である（選択肢 d）。LMO には遺伝子組換え技術により得られた生物や、分類学上の異なる科間の細胞融合によって得られた細胞などが含まれるが、ヒトの細胞やヒトに用いる医薬品は除外されている（選択肢 e）。

- □カルタヘナ議定書
- □生物多様性条約
- □遺伝子組換え生物（LMO）

問22 正解② **法令（遺伝子組換え実験室）**

遺伝子組換え実験の拡散防止措置は、取り扱う遺伝子組換え生物等の危険度により P1 レベルから P3 レベルに分類され、設備や施設等の基準が定められている。P1 レベルの実験室は、通常の生物実験室としての構造と設備が必要である（選択肢①）。P1 レベルではオートクレーブの設置についての規定はないが、P2 レベルでは建物内に、P3 レベルでは実験室内に設置が義務付けられている（選択肢②）。安全キャビネットは P2 レベル、P3 レベルの実験室に設置が必要である（選択肢③）。P2 レベル以上では、当該レベルの実験が行われていることを表示することが必要であり（選択肢④）、P3 レベル実験室では出入口に前室の設置が必要である（選択肢⑤）。

- □拡散防止措置
- □P1 レベル
- □P2 レベル
- □P3 レベル

問23 正解① **法令（拡散防止措置）**

遺伝子組換え実験における第二種使用等とは、遺伝子組換え生物等が環境中に拡散することを防止しつつ行うものであり、第一種使用等は防止措置を取らずに行うものである。閉鎖温室のような閉鎖した空間で行う遺伝子組換え植物の栽培（選択肢 a）や、実験動物施設での遺伝子組換え動物の飼育（選択肢 b）は第二種使用等に該当する。海洋への遺伝子組換え微生物の散布（選択肢 c）、遺伝子組換えウイルスを用いた遺伝子治療（選択肢 d）、野生動物への遺伝子組換え生ワクチンの接種（選択肢 e）は第一種使用等に該当する。

- □拡散防止措置
- □第二種使用等

問24 正解③ **滅菌・消毒（オートクレーブ）**

オートクレーブは、高温高圧の飽和水蒸気により滅菌処理をする装置であり（選択肢④）、通常 121℃、20 分間の加熱を行い（選択肢①）、芽胞の滅菌も可能である（選択肢⑤）。乾熱滅菌は内部温度が 160 ～ 180℃で 1 時間以上となるように加熱する（選択肢②）ため、処理温度はオートクレーブより高い。高温で変性するタンパク質やビタミン類を含んだ溶液等の滅菌には適さない（選択肢③）。

- □高圧蒸気滅菌（オートクレーブ）
- □乾熱滅菌

キーワード

問25 正解② 各種滅菌・消毒法

白金耳は火炎滅菌を行う（選択肢①）。血清のように高温で変性する液体の滅菌には、ろ過滅菌を用いる（選択肢②）。ガラス製の駒込ピペットは乾熱滅菌が可能である（選択肢③）。プラスチックシャーレは加熱できないため、エチレンオキシドガス（EOG）によるガス滅菌やγ線滅菌を利用する（選択肢④）。実験台の殺菌・消毒には、塩化ベンザルコニウム溶液や70％エタノールなどの薬液殺菌を用いる（選択肢⑤）。

- □火炎滅菌
- □乾熱滅菌
- □放射線滅菌
- □薬液滅菌・消毒

問26 正解① 危険物（放射線）

γ線は電磁波であり、電子又は陽電子からなる電子線はβ線である（選択肢a）。γ線の遮蔽には鉛や鉄でできた厚い板が必要であり、厚さ1 cmのアクリル板で遮蔽できるのはβ線である（選択肢b）。γ線照射線源として^{60}Coが用いられ（選択肢c）、熱に弱い製品の滅菌や放射線治療などに広く利用されている（選択肢e）。γ線は直接、またはラジカル生成などを介して間接的にDNA鎖の切断などの影響を与える（選択肢d）。

- □γ線
- □電子線

問27 正解② 危険物（放射性同位元素）

体内に取り込まれた放射性同位体は、核種によって、またその物理的・化学的性状によって集積（沈着）する臓器が異なる。甲状腺から分泌されるチロキシンはヨウ素（I）を含むホルモンであり、ヨウ素の放射性同位体がヒトの体内に取り込まれると、甲状腺（選択肢②）に集積する。

- □甲状腺

問28 正解④ 危険物（紫外線）

紫外線（UV）は波長1～400 nmの電磁波で（選択肢①）、特に260 nm付近の光は細胞内のDNAに吸収されてチミンダイマーを生じ、突然変異を誘発する（選択肢②）。波長により、皮膚の表皮及び真皮まで到達するが、皮下組織より深い体内までは到達できない（選択肢④）。また、目から入った紫外線の一部は水晶体や網膜まで到達し、角膜炎などを引き起こすため、保護メガネを使用することが必要である（選択肢⑤）。宇宙空間から地表に降り注ぐ紫外線は、上空10～50 kmの成層圏に含まれるオゾンにより吸収されるため（選択肢③）、生物への影響が抑えられている。

- □UV（紫外線）
- □電磁波
- □オゾン層

キーワード

問29 正解③ **危険物（薬品の危険性）**

□エチジウムブロミド
□ニトロソグアニジン

エチジウムブロミド（選択肢b）はDNAの二重らせんの間に挿入されることでDNAの正常な複製を妨げ、またニトロソグアニジン（選択肢c）はグアニンをメチル化することにより、ともに突然変異を誘発する。エタノール（選択肢a）は消毒・殺菌剤などに使われるが、変異原性はない。ヒアルロン酸（選択肢d）は細胞接着や細胞の移動を制御する細胞外高分子多糖、ヘパリン（選択肢e）は抗血液凝固活性などが臨床的に利用される高分子多糖で、ともに変異原性はない。

問30 正解② **地球環境問題（地球温暖化）**

□地球温暖化
□温室効果ガス
□オゾン層
□フロン

地球温暖化の原因となる温室効果ガスとは、太陽からの放射光は透過するが、地表や大気から射出された赤外線を吸収し、地表に向かって再射出することにより地表面付近の温度を高くする作用のある気体のことで、二酸化炭素（選択肢③）、メタン（選択肢⑤）、フロン（選択肢④）、一酸化二窒素が含まれ、水蒸気（選択肢①）も温暖化に影響している。窒素（選択肢②）は大気中に80%近く含まれているが、赤外線を吸収する作用がないため、温室効果ガスではない。

解説

生化学

キーワード

問31　正解④　　細胞の構造と機能

真核細胞には様々な細胞小器官が含まれ、それぞれの機能を果たしている。ミトコンドリア（選択肢 c）は酸素呼吸や脂質代謝の場であり、二重の脂質二重層膜をもつ。葉緑体（選択肢 d）は光合成反応を行う場で、二重の脂質二重層膜をもつ。ミトコンドリアと葉緑体は、かつては宿主の真核生物に共生する細菌であったという説があり、宿主（外膜）と細菌（内膜）に由来する二重の膜構造をもつといわれている。小胞体（選択肢 a）とゴルジ体（選択肢 b）は一重の膜構造をもつ。リボソーム（選択肢 e）は rRNA とタンパク質で構成されており、膜構造はもたない。

- □細胞小器官（オルガネラ）
- □ミトコンドリア
- □葉緑体
- □脂質二重層

問32　正解①　　生体エネルギー

アルコール発酵（選択肢 a）は、嫌気的条件でピルビン酸からアルコールが生成する反応で、主に酵母などが行っている。解糖系（選択肢 b）は、嫌気的にグルコースがピルビン酸に分解される反応で、原核生物にも真核生物にも共通に存在する。これらはともに嫌気状態で ATP を生成する代謝経路である。クエン酸回路（選択肢 c）と酸化的リン酸化（選択肢 d）は好気的条件で ATP を生産する経路であり、β 酸化（選択肢 e）は好気的条件で脂肪酸を分解して、アセチル CoA をクエン酸回路に供給する。

- □アルコール発酵
- □解糖系
- □クエン酸回路（クレブス回路、TCA 回路）
- □酸化的リン酸化
- □β 酸化

問33　正解②　　生体と水（水素イオン濃度）

HCl（塩酸）は強酸であり、完全に電離しているとみなすことができる。10 mmol/L HCl 溶液の水素イオン濃度 $[H^+]$ は、10^{-2} mol/L となるので、pH $= -\log_{10}[10^{-2}]$ となり pH は 2 である（選択肢②）。

- □水素イオン濃度
- □pH

問34　正解⑤　　生体と水（溶液の性質）

タンパク質や多糖類などの高分子が、1 ～ 100 nm の粒子や液滴となって、液体・気体・固体などの分散媒中に均一に分散している状態をコロイドという（選択肢①・②）。牛乳は液体にタンパク質や脂質などの粒子が分散したコロイド溶液であり（選択肢③）、エアロゾルは気体中に液滴が分散したコロイドの一種である（選択肢④）。コロイド粒子はろ紙を通過できるので、ろ紙で分離することはできない（選択肢⑤）。

- □コロイド
- □エアロゾル

キーワード

問35 正解⑤ **生体エネルギー（酸化的リン酸化）**

酸化的リン酸化はミトコンドリア内膜における反応であり（選択肢a）、TCA回路で生じたNADHなどが酸素 O_2 と反応して NAD^+ と H_2O となるとともに（選択肢b・c・e）、電子伝達系での酸化還元反応によって遊離されるエネルギーを用いて、ADPとリン酸からATPを生成する（選択肢d）。

- □ 酸化的リン酸化
- □ クエン酸回路（クレブス回路、TCA回路）
- □ NAD（ニコチンアミドアデニンジヌクレオチド）
- □ ATP

問36 正解② **糖質（糖質の構造、分類）**

マルトース（麦芽糖；選択肢③）は二つのグルコース、スクロース（ショ糖；選択肢②）はグルコースとフルクトース、ラクトース（乳糖；選択肢⑤）はグルコースとガラクトースのそれぞれ2つの単糖が、グリコシド結合で結合した二糖類である。アミロース（選択肢①）はグルコースが $\alpha1\rightarrow4$ グリコシド結合で多数結合した多糖類で、デンプンを構成している。マンノース（選択肢④）は単糖で六炭糖である。

- □ 二糖類
- □ ブドウ糖（グルコース）
- □ 果糖（フルクトース）
- □ ショ糖（スクロース）

問37 正解④ **糖質（糖質の分類）**

単糖を分類する場合、炭素数での分類と官能基での分類方法がある。炭素数での分類では、ジヒドロキシアセトン（選択肢④）やグリセルアルデヒドなどの三炭糖、リボース（選択肢⑤）やキシロース（選択肢②）などの五炭糖、グルコース（選択肢③）、ガラクトース（選択肢①）、フルクトースなどの六炭糖などがある。官能基での分類では、アルデヒド基をもつアルドース、ケトン基をもつケトースがある。

- □ 三炭糖（トリオース）
- □ ジヒドロキシアセトン
- □ リボース
- □ グルコース
- □ ガラクトース

問38 正解① **糖質（糖質の性質）**

ラクトースは還元糖であり（選択肢①）、非還元糖にはスクロースがある。セルロースはグルコースからなるホモ多糖で（選択肢②）、植物の細胞壁を構成している。トリオース（三炭糖）は炭素数3の単糖であり、グリセルアルデヒドやジヒドロキシアセトンが含まれる。カルボキシ基はアミノ酸などがもつ（選択肢③）。ATPを構成している糖はリボースである（選択肢④）。アミロペクチンはグルコースのホモ多糖で、$\alpha1\rightarrow4$ グリコシド結合と $\alpha1\rightarrow6$ グリコシド結合を含む（選択肢⑤）。グルコースが $\beta1\rightarrow4$ グリコシド結合をした多糖はセルロースである。

- □ 乳糖（ラクトース）
- □ 還元糖
- □ セルロース
- □ 三炭糖（トリオース）
- □ アミロペクチン

問39 正解③ **糖質の代謝**

解糖系では1分子のグルコース $C_6H_{12}O_6$ から2分子のピルビン酸 $C_3H_6O_3$ が生成され、ピルビン酸は脱炭酸反応でアセチルCoAになる。アセチルCoAはオキサロ酢酸と反応してクエン酸になり、TCA回路（クエン酸回路）へと入っていく。ピルビン酸がアセチルCoAになるときに1分子の CO_2 が産生され、回路の途中で2分子の CO_2 が産生されるので、1分子のピルビン酸が CO_2 と H_2O に完全分解されるときにできる CO_2 は3分子である（選択肢③）。

- □ ピルビン酸
- □ クエン酸回路（クレブス回路、TCA回路）

キーワード

問40 正解①　タンパク質（アミノ酸の分類）

必須アミノ酸は、体内で必要量を合成することができないため、栄養として外部から摂取しなければならないアミノ酸のことである。成人の必須アミノ酸は、イソロイシン（Ile）、ロイシン（Leu）、リジン（Lys；選択肢②）、メチオニン（Met；選択肢③）、フェニルアラニン（Phe；選択肢④）、トレオニン（Thr；選択肢⑤）、トリプトファン（Trp）、バリン（Val）である。

- □必須アミノ酸
- □リジン（Lys）
- □メチオニン（Met）
- □フェニルアラニン（Phe）
- □トレオニン（Thr）

問41 正解④　タンパク質の代謝

二つのアミノ酸が重合してペプチド結合が形成されるとき、アミノ基（$-NH_2$）の水素（-H）とカルボキシ基（-COOH）の水酸基（-OH）が反応して水（H_2O；選択肢④）が生成する。これを脱水縮合といい、酸アミド結合の一つである。

- □アミノ酸
- □ペプチド結合

問42 正解④　タンパク質の分類と性質

タンパク質は生体の構成成分であるとともに、様々な機能をもつ。アクチン（選択肢①）は筋収縮を担うタンパク質であり、アルブミン（選択肢②）は血液中の総タンパク質の半分以上を占め、浸透圧の保持や脂肪酸等の運搬を担う。グロブリン（選択肢③）も血液中に含まれるタンパク質で、生体防御に関与している。ケラチン（選択肢④）は細胞骨格を形成するタンパク質の一つで、繊維状で毛髪や角質層に含まれる。ヒストン（選択肢⑤）は核内に存在し、DNAと結合してクロマチンを形成している。

- □ケラチン
- □アクチン
- □アルブミン
- □グロブリン
- □ヒストン

問43 正解③　タンパク質の代謝

尿素回路（オルニチン回路）は、タンパク質などの代謝で産生された有毒なアンモニアを無害な尿素へと変換する反応系で、肝臓で行われる。アンモニアから作られたカルバモイルリン酸はオルニチン（選択肢c）と反応して回路に入り、シトルリンになる。シトルリンはアスパラギン酸と反応してアルギニン（選択肢b）になり、アルギニンがオルニチンになるときに尿素が産生される。アスコルビン酸（選択肢a）はビタミンC、システイン（選択肢d）はイオウを含むアミノ酸の一種、レシチン（選択肢e）はホスファチジルコリンのことで、生体膜を構成するリン脂質の一種である。

- □尿素回路（オルニチン回路）
- □アルギニン
- □オルニチン

問44 正解④　脂質の構造、分類、性質

リン脂質はリン酸を含む脂質の総称で、複合脂質に分類され（選択肢②）、細胞膜などの生体膜の主成分である（選択肢①）。親水性の頭部と疎水性の尾部からなる両親媒性をもつ。親水性の頭部はリン酸とグリセロールを含み（選択肢③・④）、尾部はエステル結合を介した脂肪族炭化水素からなる。中性付近ではリン酸基は電離して負電荷をもつ（選択肢⑤）。

- □リン脂質
- □細胞膜
- □複合脂質

キーワード

問45 正解③ **脂質の分類、性質**

飽和脂肪酸は炭化水素鎖に不飽和結合をもたない脂肪酸で、ステアリン酸（選択肢③）やパルミチン酸が含まれる。炭化水素鎖に二重結合や三重結合をもつ脂肪酸は不飽和脂肪酸といい、アラキドン酸（選択肢①）、オレイン酸（選択肢②）、リノール酸（選択肢④）、リノレン酸（選択肢⑤）が含まれる。飽和脂肪酸は、同じ炭素数の不飽和脂肪酸に比べて融点が高い。

- □飽和脂肪酸
- □不飽和脂肪酸
- □ステアリン酸

問46 正解③ **脂質の構造、性質**

脂肪酸（炭素数2n）がβ酸化により代謝されるとき、一連の脱水素反応によりアセチルCoAと炭化水素鎖の2炭素分短くなったアシルCoAができ、この反応が繰り返されて最終的にn個のアセチルCoAを生成する。パルミチン酸（炭素数16）はこの脱水素反応の繰り返しにより、最終的に8分子のアセチルCoAを生成する（選択肢③）。

- □パルミチン酸
- □β酸化
- □アセチルCoA

問47 正解④ **脂質の代謝**

β酸化は脂肪酸の代謝経路で、脂肪酸を酸化してアセチルCoAを生成する反応である。β酸化はミトコンドリア（選択肢④）の内膜で行われ、生成されたアセチルCoAはオキサロ酢酸と反応してクエン酸となり、TCA回路に入ってエネルギーを生産する。

- □β酸化
- □ミトコンドリア

問48 正解⑤ **核酸の構成成分**

ピリミジン塩基は、ピリミジンを基本骨格とする塩基で、窒素原子を含む環状分子構造をもつ（選択肢①・②）。ピリミジンもプリンもともに共役二重結合を含む不飽和化合物であり（選択肢③）、紫外線を吸収する特性をもつ（選択肢④）。ピリミジン塩基にはシトシン、チミン、ウラシルが含まれるが、ATPに含まれる塩基はアデニンであり、これはプリン塩基である（選択肢⑤）。

- □ピリミジン塩基

問49 正解③ **核酸の構成成分**

ヌクレオシドは、塩基（選択肢b）が五炭糖（選択肢c）と結合した化合物である。ヌクレオシドにリン酸（選択肢e）が結合するとヌクレオチドとなる。

- □ヌクレオシド
- □ヌクレオチド
- □塩基
- □五炭糖
- □リン酸

問50 正解② **酵素分類**

酵素は触媒する化学反応によって7種類に分類され、国際生化学分子生物学連合酵素委員会によりEC番号（酵素番号）が与えられている。EC番号1は酸化還元酵素、2は転移酵素、3は加水分解酵素、4は脱離酵素、5は異性化酵素、6は合成酵素、7は輸送酵素である。アミラーゼ（選択肢a）とプロテアーゼ（選択肢e）は加水分解酵素に分類され、カタラーゼ（選択肢b）は酸化還元酵素、グルコースイソメラーゼ（選択肢c）は異性化酵素、DNAポリメラーゼ（選択肢d）は転移酵素である。

- □加水分解酵素
- □アミラーゼ
- □プロテアーゼ

キーワード

問51　正解②　酵素の性質

酵素反応に補助因子を必要とする酵素の場合、補助因子が結合した活性型の酵素をホロ酵素（選択肢④）といい、補助因子が結合していない不活性型の酵素をアポ酵素（選択肢②）という。アイソザイム（選択肢①）は、同じ化学反応を触媒する酵素で、その構造が異なるものをいう。補酵素（選択肢③）はアポ酵素に可逆的に結合する低分子有機化合物である。リボザイム（選択肢⑤）は触媒反応を行うRNAである。

- □アポ酵素
- □ホロ酵素
- □補酵素

問52　正解③　酵素活性の測定

酵素反応において、酵素E、基質S、酵素基質複合体ES、生成物PがE＋S ⇄ ES → E＋Pにしたがって反応するとき、基質初濃度が全酵素濃度より十分大きいと、第2反応が全反応の律速となる。ESの解離定数をミカエリス定数K_mと定義して式を変形すると、ミカエリス・メンテンの式が求められる（選択肢③）。ミカエリス・メンテンの式は、基質濃度が低いときは反応速度は基質濃度に比例し、基質濃度が十分に高いときには反応速度は基質濃度に影響を受けないことを示している。

- □ミカエリス・メンテンの式
- □基質濃度
- □反応速度
- □ミカエリス定数（K_m）

問53　正解①　主なビタミン

ビタミンとは、微量で生物の生理機能を調節する働きをもつ有機化合物で、体内では十分な量を合成できないため、栄養素として体外から摂取しなければならない物質の総称である。脂溶性ビタミンとして、ビタミンA、D、E、Kがあり、水溶性ビタミンとしてビタミンB群、Cがある。ビタミンB_1の化学名はチアミンである（選択肢①）。ニコチン酸はナイアシンともいわれ、ビタミンB群の一つである。

- □ビタミンB_1（チアミン）
- □ビタミンB_6（ピリドキシン）
- □ビタミンB_{12}（コバラミン）
- □ビタミンC（アスコルビン酸）
- □ビタミンD（カルシフェロール）

問54　正解⑤　ビタミンと欠乏症

ビタミンは生体内で重要な生理機能をもつため、不足すると疾病症状が表れて欠乏症となる。ビタミンKの欠乏症は血液凝固障害である（選択肢⑤）。貧血の原因となるのはビタミンB_{12}と葉酸（ビタミンB群の一つ）である。

- □壊血病
- □脚気
- □くる病
- □夜盲症

問55　正解②　ホルモンの分類

ステロイドホルモンとは、ステロイドを基本骨格とするホルモンの総称で、生殖器官から分泌されるエストロゲン（選択肢②）、テストステロン、卵巣ホルモン等の性ホルモンや、副腎皮質から分泌されるホルモン（コルチゾール、アルドステロン等）が含まれる。インスリン（選択肢①）やグルカゴン（選択肢③）、成長ホルモン（選択肢④）はタンパクペプチドホルモンであり、チロキシン（選択肢⑤）はアミノ酸誘導体である。

- □ステロイドホルモン
- □インスリン
- □エストロゲン
- □グルカゴン
- □成長ホルモン（GH）
- □チロキシン

キーワード

問56　正解①　**ホルモンとその分泌腺**

アドレナリン（選択肢①）は副腎髄質から分泌されるホルモンであり、交感神経の神経伝達物質でもある。交感神経を刺激し、血糖値の上昇、心拍数の増加、瞳孔拡大などの作用がある。インスリン（選択肢②）は膵臓ランゲルハンス島β細胞から、エストロゲン（選択肢③）は主に卵巣から、グルカゴン（選択肢④）は膵臓ランゲルハンス島α細胞から、コルチゾール（選択肢⑤）は副腎皮質からそれぞれ分泌されるホルモンである。

- □副腎髄質
- □アドレナリン
- □インスリン
- □エストロゲン
- □グルカゴン
- □コルチゾール

問57　正解⑤　**ミネラル（電解質の役割）**

細胞外液に含まれるイオンのうちもっとも多いのはNa^+（ナトリウムイオン；選択肢⑤）であり、次に多いのはCl^-（塩化物イオン；選択肢②）である。Na^+は浸透圧の維持や神経刺激の伝達、筋肉の興奮維持などの役割をもつ。細胞内液でもっとも多いのはK^+（カリウムイオン；選択肢③）である。

- □細胞外液
- □ナトリウム
- □カリウム
- □塩素

問58　正解②　**ミネラル**

クロロフィル（選択肢②）は緑色植物がもつ光合成色素の一つで、テトラピロール環の中心にMg^{2+}が配位結合した構造をもつ。コバラミン（選択肢③）はCo（コバルト）、シトクロム（選択肢④）とヘモグロビン（選択肢⑤）はFe（鉄）を分子内にもつ。カロテン（選択肢①）は光合成において重要な役割を果たす光合成色素の一つで、金属原子は含まない。

- □マグネシウム
- □クロロフィル

問59　正解⑤　**植物（光合成）**

光合成反応は色素によって光エネルギーが吸収されることから始まる。光合成色素としてはクロロフィル（選択肢c）、カロテン（選択肢a）、キサントフィル（選択肢b）が挙げられる。ケラチン（選択肢d）は繊維状タンパク質で上皮細胞などに含まれ、爪や毛髪の成分である。ヒスタミン（選択肢e）はヒスチジンから合成され、アレルギー反応などに関わる。

- □カロテン
- □キサントフィル
- □クロロフィル

問60　正解①　**植物（光合成）**

光合成の明反応では、クロロフィルなどの光合成色素により光エネルギーが吸収され、水を分解して酸素ができる（選択肢③）。また同時に、NADPHとATPが生成する（選択肢②）。明反応は、葉緑体のチラコイドで行われる反応で、ストロマで行われるのは暗反応である（選択肢①）。暗反応では、二酸化炭素と明反応で生成したNADPHとATPを用いて、カルビン回路により糖が生成する（選択肢④・⑤）。

- □明反応
- □暗反応
- □カルビン回路
- □ストロマ

微生物学

キーワード

問1 正解③ **微生物の分類**

真核微生物の主なものは、カビ、酵母、キノコなどの真菌類、微細藻類、原生動物である。真菌類は、ツボカビ、接合菌（選択肢b）、子のう菌、担子菌（選択肢c）が含まれる。シュードモナス（選択肢a）は絶対好気性グラム陰性桿菌で土壌、水圏などに広く分布し、多様な有機物の酸化分解能をもつ。放線菌（選択肢d）はカビに似た菌糸状の形態をもつグラム陽性菌、リケッチア（選択肢e）は細胞寄生性のグラム陰性菌である。

- □真核生物
- □接合菌
- □担子菌
- □放線菌
- □リケッチア

問2 正解③ **微生物の性質（大腸菌）**

大腸菌はグラム陰性の桿菌で、乳糖分解能をもつ（選択肢a・b・c）。通性嫌気性で（選択肢d）、内生胞子は形成しない（選択肢e）。

- □大腸菌
- □グラム陽性菌
- □グラム陰性菌
- □通性嫌気性菌

問3 正解① **微生物の形態的性質**

枯草菌やクロストリジウムなどの細菌は、栄養源の枯渇など生育環境が悪化したときに芽胞とよばれる内生胞子を細胞内に形成する。内生胞子は定常期以降に形成され（選択肢a）、生理活性および含水量が低く、酸、アルカリ、熱、放射線等に耐性を示す（選択肢b・c・d）。グラム染色では染まらない（選択肢e）。内生胞子の芯部にはカルシウムが結合したジピコリン酸が多量に含まれ、強い脱水状態であるため上記のように高い耐性をもつ。生育するのに適した環境になると胞子が発芽して栄養細胞となる。

- □内生胞子

問4 正解① **化学独立栄養細菌**

化学合成独立栄養細菌は無機化合物の酸化で得られるエネルギーを用いて、また光合成細菌（選択肢c）は光エネルギーを用いて、それぞれCO_2を固定して有機化合物を合成する。亜硝酸菌（選択肢a）や硝酸菌などの硝化細菌、および硫黄酸化細菌（選択肢b）は化学合成独立栄養細菌である。根粒菌（選択肢d）や乳酸菌（選択肢e）は従属栄養細菌である。

- □化学合成独立栄養細菌
- □亜硝酸菌
- □根粒菌
- □硫黄酸化細菌

問5 正解③ **能動輸送**

受動輸送（拡散輸送）は物質の濃度差を駆動力とする膜輸送であり、濃度の高い方から低い方へ物質が輸送される。これに対して能動輸送は、膜に局在する輸送タンパク質がATPなどのエネルギーを利用して、濃度勾配に逆らって細胞膜を通して物質を輸送する（選択肢①・②・④・⑤）。Na^+, K^+-ATPaseは、ATPのエネルギーで細胞内にK^+を取り込み、Na^+を細胞外に排出する（選択肢③）。

- □能動輸送
- □拡散輸送
- □パーミアーゼ（透過酵素）

キーワード

問6　正解②　細菌の細胞壁

細菌の細胞壁は、*N*-アセチルグルコサミンと*N*-アセチルムラミン酸が結合した多糖類の主鎖に、D-アミノ酸を含むペプチド鎖が側鎖として結合した網目構造をもつペプチドグリカンを主成分とする（選択肢①・②）。リゾチームは溶菌酵素ともよばれ、主鎖のグリコシド結合を切断するため、細胞壁が分解されて溶菌がおこる（選択肢③）。グラム陽性菌は陰性菌に比較して非常に厚いペプチドグリカン層をもち（選択肢④）、グラム染色での染色性の違いになっている。ペニシリンはペプチドグリカン側鎖のペプチド同士の架橋を阻害することで、細胞壁合成を阻害する抗生物質である（選択肢⑤）。

- □グラム陽性菌
- □グラム陰性菌
- □ペプチドグリカン層
- □リゾチーム

問7　正解②　グラム陰性菌

グラム陰性菌は、細胞膜（選択肢c）の外側に薄いペプチドグリカン層（選択肢d）をもち、さらにその外側にリポ多糖やリン脂質、膜タンパク質などからなる外膜（選択肢a）をもつ。細胞膜と外膜の間にある空間（ペリプラズム；選択肢e）には水溶性物質などが分布している。ペプチドグリカンはグラム陽性菌の細胞壁の構成成分でもあり、グラム陰性菌特有のものではない。莢膜（選択肢b）は多糖やタンパク質などの高分子ゲルが細菌菌体の周囲に形成されたもので、細胞膜とともにグラム陰性、陽性いずれの菌にもみられる。

- □グラム陰性菌
- □外膜
- □ペリプラズム
- □ペプチドグリカン層
- □莢膜

問8　正解②　内毒素

内毒素は、グラム陰性菌の外膜の構成要素であるLPS（リポ多糖；選択肢②）のことで、検出にはカブトガニ血清を用いたリムルステストが用いられる。ウイロイド（選択肢①）は植物病原性をもつ一本鎖RNA、デキストラン（選択肢③）はα-1,6結合主体の高分子多糖類、パーミアーゼ（選択肢④）は細胞膜透過酵素、フランジェリン（選択肢⑤）は細菌の鞭毛を構成するタンパク質である。

- □内毒素
- □LPS

問9　正解②　シアノバクテリア

シアノバクテリアは長く藻類に分類されていたが、現在では真正細菌に分類され、グラム陰性を示す（選択肢b）。植物と同様クロロフィルaをもち、酸素発生型光合成を行う（選択肢a）。また多くが窒素固定能をもつので（選択肢e）、光とわずかな塩類さえあれば増殖する独立栄養生物である（選択肢c）。基本的に二分裂で増殖するが、一部の種では胞子様の細胞を形成する（選択肢d）。

- □シアノバクテリア
- □窒素固定

問10　正解④　乳酸菌

ホモ型乳酸発酵では、解糖系で生成したピルビン酸に乳酸脱水素酵素が作用し、乳酸が生成される。この過程で生成されるATPは4モルである（選択肢④）。なお、この反応では2モルのATPが消費されるので、ホモ型乳酸発酵全体では計算上差し引き2モルのATPが生成されることも理解しておくべきである。

- □乳酸発酵

キーワード

問11 正解② **窒素固定菌**

分子状窒素を還元してアンモニアに変換することを窒素固定という。窒素固定を行う微生物には、マメ科植物の根に共生する *Rhizobium*（根粒菌；選択肢 e）や、土壌中の好気性菌である *Azotobacter*（選択肢 a)、同じく土壌中の嫌気性菌である *Clostridium* などがあり、一部のシアノバクテリアや放線菌なども窒素固定を行う。*Bacillus*（選択肢 b）は枯草菌、*Escherichia*（選択肢 c）は大腸菌、*Lactobacillus*（選択肢 d）は乳酸菌の一種であり、ともに窒素固定能はもたない。

□窒素固定

問12 正解① **ビルレントファージ**

細菌を宿主とするウイルスをバクテリオファージといい、その中で宿主細胞に感染すると宿主を溶菌するものをビルレントファージという（選択肢 a・b)。一方弱毒化して宿主と共存する状態となるファージをテンペレートファージ（溶原性ファージ）といい、その状態を溶原化という（選択肢 c)。溶原化は宿主 DNA にファージ遺伝子が組み込まれた状態であり（選択肢 e)、これをプロファージという（選択肢 d)。

□ビルレントファージ
□溶原化
□プロファージ
□テンペレートファージ

問13 正解③ **活性酸素の分解**

過酸化水素やスーパーオキシドアニオンなどの活性酸素は、反応性が高いため生体にとって毒性を示す。毒性の強いスーパーオキシドアニオンはスーパーオキシドジスムターゼにより酸素と過酸化水素に分解され、さらに過酸化水素はカタラーゼ（選択肢③）によって水と酸素に分解され、活性酸素の毒性から細胞を守っている。アミラーゼ（選択肢①）はデンプンを、ウレアーゼ（選択肢②）は尿素を、セルラーゼ（選択肢④）はセルロースを、リパーゼ（選択肢⑤）は中性脂肪をそれぞれ加水分解する酵素である。

□カタラーゼ

問14 正解③ **世代時間**

大腸菌は 2 分裂で増殖するので、世代時間ごとに菌数は 2 倍になる。初発菌数を a とし、世代数を n とすると、増殖後の菌数 N は $N = a \times 2^n$ となる。設問では 2 時間で 50 から 800 になったので、$800 = 50 \times 2^n$ となり、$2^n = 16$、すなわち $n = 4$ となり、世代時間は $60 \times 2 / 4 = 30$（分）となる（選択肢③)。

□対数期
□世代時間

問15 正解③ **変異株の取得**

宿主染色体に組み込まれたファージ（プロファージ）が、宿主遺伝子の一部を切り取って他の細胞に運ぶ現象を形質導入という（選択肢③)。形質転換は、細胞外から DNA を取り込んで新しい遺伝形質を獲得する現象をいう。

□形質転換
□形質導入
□トランスポゾン

キーワード

問16 正解④ **変異株の取得**

DNAに挿入、欠失、転位などが起こると、正常なタンパク質が作られない変異が起こる。意図的に突然変異を誘発する手段として、ニトロソグアニジンなどによる薬剤処理（選択肢d）、放射線照射（選択肢c）がある。エイムス試験（選択肢a）はネズミチフス菌（*Salmonella typhimurium*）などを用いた変異原性物質の検出法、レプリカ法（選択肢e）は栄養要求性や抗生物質耐性などに変異を起こした微生物のスクリーニング法であり、オートクレーブ処理（選択肢b）では変異は生じない。

- □突然変異
- □変異誘発剤
- □変異原
- □放射線

問17 正解④ **紫外線照射**

DNAが強く吸収する260 nm付近の紫外線を照射すると（選択肢①）、隣り合ったチミンが共有結合し（選択肢②）、チミンダイマーとなる。これが複製の際にDNAポリメラーゼが停止する原因となる（選択肢③）。形成したチミンダイマーは、可視光線にさらすと光回復酵素によって切り出され、光回復が起こる（選択肢⑤）。フレームシフト変異（選択肢④）は1または2塩基の挿入や欠失により読み取り枠がずれて以後のアミノ酸配列が変化してしまう変異のことである。

- □チミンダイマー
- □紫外線照射
- □修復
- □光回復

問18 正解① **微生物の利用（代謝生産物）**

酢酸の生産には酢酸菌などの*Acetobacter*属（選択肢①）や*Gluconacetobacter*属が用いられる。*Aspergillus*属（選択肢②）のうち、*Aspergillus niger*はクエン酸などの有機酸発酵、*Aspergillus oryzae*は清酒の製造においてデンプンの分解などに用いられる。*Bacillus*属（選択肢③）は納豆、*Lactobacillus*属（選択肢④）は乳酸、*Saccharomyces*属（選択肢⑤）はエタノールの発酵生産などに用いられる。

- □有機酸発酵
- □酢酸発酵
- □乳酸発酵
- □アルコール発酵

問19 正解① **微生物の利用（発酵食品）**

ビールは大麦などを原料とし、これを発芽させて麦芽中に含まれるアミラーゼ（選択肢①）によってまずデンプンを分解（糖化）する。その後酵母を加えてアルコール発酵を行わせる。リパーゼ（選択肢⑤）は脂質分解酵素、トリプシン（選択肢③）はタンパク質分解酵素で、ともに麦芽の糖化には用いない。アルカリホスファターゼ（選択肢②）はリン酸エステルの加水分解酵素、ペルオキシダーゼ（選択肢④）は酸化還元酵素で、いずれも糖化過程には利用されない。

- □単行複発酵
- □糖化型アミラーゼ

問20 正解⑤ **微生物の利用（抗生物質）**

ペニシリン（選択肢⑤）はβ-ラクタム系抗生物質で、細菌の細胞壁を構成するペプチドグリカンの合成酵素を阻害する。カナマイシン（選択肢②）、クロラムフェニコール（選択肢③）、ストレプトマイシン（選択肢④）はいずれもタンパク質合成を阻害する抗生物質、アクチノマイシン（選択肢①）は二本鎖DNAに結合してRNA合成を阻害する抗生物質である。

- □ペニシリン
- □ストレプトマイシン
- □カナマイシン
- □クロラムフェニコール
- □アクチノマイシン

キ ー ワ ー ド

問21 正解⑤ **食品の保存**

LTLT法（低温長時間殺菌；選択肢②）は62～65℃で30分間の加熱処理、HTST法（高温短時間殺菌；選択肢①）は72～75℃で15～30秒間、UHT法（超高温殺菌；選択肢⑤）は120～150℃で1～5秒間の加熱処理を行う。これらは市販の牛乳や乳飲料などで用いられる熱処理法である。火入れ（選択肢④）は日本酒の製造に使われる加熱処理で、60～65℃で30分間の処理を行う。パスツーリゼーション（選択肢③）はワインの殺菌法としてパスツールらによって考案された加熱処理法で、一般に62～65℃で30分間の熱処理を行う。

- □パスツーリゼーション
- □高温短時間殺菌（HTST）
- □超高温殺菌（UHT）

問22 正解⑤ **食品の保存（食中毒）**

毒素型食中毒は、食品中で微生物が増殖するときに作りだした毒素を摂取することで発生する。代表的な毒素型食中毒の原因菌としてはボツリヌス菌（選択肢e）、黄色ブドウ球菌（選択肢a）、セレウス菌などがある。感染型食中毒は食品などとともに体内に入った細菌が消化管内で作用して健康障害が発生する。感染型食中毒の代表的な原因菌には、腸炎ビブリオ菌（選択肢d）、サルモネラ菌（選択肢c）、カンピロバクター（選択肢b）などがある。

- □感染型食中毒菌
- □毒素型食中毒菌
- □ボツリヌス菌
- □黄色ブドウ球菌
- □カンピロバクター
- □サルモネラ菌
- □腸炎ビブリオ菌

問23 正解⑤ **食品の保存**

食品中に塩や糖を加えると水分活性が低下し、浸透圧が増加することで微生物の増殖が抑制される（選択肢a）。一般的に塩分は10%以上、糖分は50%以上必要とされる。食品を容器に充填した後密封し、120℃で4分以上加熱殺菌したものをレトルト食品という（選択肢b）。カビは好気性菌であり、酸素がなければ増殖することができない（選択肢c）。燻煙法（選択肢d）は食品の乾燥と煙中のホルムアルデヒドなどの化学成分の殺菌効果を利用した保存法、酢漬け（選択肢e）はpH低下により微生物の増殖が抑制されることを主に利用した保存法である。

- □水分活性
- □塩蔵
- □糖蔵
- □燻煙法
- □酢漬法
- □レトルト食品
- □脱酸素剤

問24 正解⑤ **環境における活動（排水処理）**

COD（Chemical Oxygen Demand；化学的酸素要求量）は水域や排水の汚染の指標の一つであり（選択肢①・②）、試料水に酸化剤（過マンガン酸カリウムなど）を加えて加熱し、シュウ酸ナトリウムで滴定して、試料水中の有機物を酸化するのに必要な酸化剤の量から汚染の度合いを測定する（選択肢③）。単位はmg/Lである（選択肢④）。BOD（Biochemical Oxygen Demand；生物化学的酸素要求量）は、試料水を密閉したガラス瓶に入れて20℃で5日間暗所培養し、水中の好気性微生物により有機物が分解されるときに消費される酸素量から、水質汚染の度合いを調べる方法である。同一試料であってもCODと同じ値とはならない（選択肢⑤）。

- □COD
- □BOD

キーワード

問25 正解② **環境における活動（バイオレメディエーション）**

バイオスティミュレーションはバイオレメディエーションの一つで、汚染された現場にもともと生息している微生物に栄養分を与えるなどして活性化し、汚染を分解させることである（選択肢②）。汚染物質の分解能をもつ微生物を現場に投入して汚染を除去することは、バイオオーグメンテーションという（選択肢①）。有機物を好気性微生物群により分解するのは活性汚泥法（選択肢④）、嫌気的条件下で有機物の分解を行うのはメタン発酵法などである（選択肢⑤）。

□バイオレメディエーション
□バイオスティミュレーション
□バイオオーグメンテーション

問26 正解④ **環境における活動**

微生物のもつ様々な機能を利用して、鉱物や鉱石等から有用金属を溶出して回収し、精錬する技術をバクテリアリーチング（選択肢④）という。MPN法（Most Probable Number；選択肢①）は生菌数の測定法、担体結合法（選択肢②）は酵素や菌体等の固定化方法の一つ、バイオリアクター（選択肢③）は酵素などの生体触媒を固定化して有用物質生産などに利用する装置のこと、ペニシリンカップ法（選択肢⑤）は抗生物質などの力価測定方法である。

□バクテリアリーチング

問27 正解⑤ **微生物学実験（グラム染色法）**

グラム染色は細菌を分類する方法の一つである（選択肢①）。まず菌液をスライドガラスに塗抹し軽く熱をかけて固定する。最初にクリスタルバイオレットで染色し、次いでルゴール液で色素を固定（不溶化）する（選択肢④）。その後アルコールで処理すると、細胞壁の薄いグラム陰性菌は色が抜けるが、細胞壁の厚いグラム陽性菌は脱色されない。最後にサフラニンで染色（後染色）すると、脱色されたグラム陰性菌はサフラニンにより淡紅色に染色され、グラム陽性菌は濃紫色になるので、対比することができる（選択肢②・③・⑤）。

□グラム染色
□グラム陽性菌
□グラム陰性菌

問28 正解① **微生物学実験（変異株の取得）**

栄養要求変異株は、ある特定の栄養成分がないと生育できない変異株で、最少培地では生育できず完全培地では生育する。栄養要求変異株を得るには、まず完全培地（選択肢a）で生育したコロニーをレプリカ法で最少培地（選択肢b）に転写し、完全培地では生育するが、最少培地では生育しないコロニーを選択する。さらに各種栄養素を添加した培地を用いて栄養要求性を調べる。斜面培地（選択肢c）は試験管内に斜面状に固めた培地で、微生物の培養や保存に用いる。天然培地（選択肢d）は動植物の成分を利用した培地で、正確な成分組成は不明であるが微生物の培養に広く用いられる。軟寒天培地（選択肢e）は寒天濃度の低い培地で、細菌の保存などに用いる。

□栄養要求変異株
□天然培地
□合成培地
□完全培地

キ ー ワ ー ド

問29　正解④　　**微生物学実験（生菌数測定法）**

コロニー計数法（選択肢④）は、生菌がコロニーを形成することを利用する方法である。乾燥菌体重量測定法（選択肢①）は培養で得られた菌体を集め、洗浄後乾燥して重量を測定する方法、菌体容量測定法（選択肢②）は電気容量や光学的データを利用して菌体容積を求める方法、血球計算盤法（選択肢③）は顕微鏡下で血球計算盤を用いて直接計数する方法、比濁法（選択肢⑤）は菌液の濁度から菌数を概算する方法であるが、これらの方法は死菌も含めて計測するので、生菌数の計測法ではない。

- □コロニー計数法
- □比濁法
- □血球計算盤法
- □乾燥菌体重量測定法
- □菌体容量測定法

問30　正解④　　**微生物学実験（培養法）**

乳酸菌は通性嫌気性菌で、酸素があっても死滅しないが、通気撹拌など培地中に酸素が多く含まれる培養法は利用せず、静置培養が用いられる（選択肢 c）。従属栄養生物であるため、炭素源が必要である（選択肢 b）。保存には穿刺培養が適しており（選択肢 e）、培養最適温度は 20 ～ 45℃である（選択肢 a）。増殖に伴って乳酸が産生されて培地の pH が低下し、他の菌の増殖を抑える効果があるが、乳酸菌自身の増殖も次第に抑制されるので、培地に炭酸カルシウムを添加して pH 低下を抑える（選択肢 d）。炭酸カルシウムにより培地は白濁するが、乳酸菌コロニーの周囲は産生された乳酸により中和されて透明となるため、他の菌のコロニーと区別がしやすくなる。

- □乳酸発酵
- □乳酸菌

解説

分子生物学

キーワード

問31 正解⑤ **細胞と遺伝（原核細胞と真核細胞）**

真核細胞と原核細胞に共通する細胞の構造には、細胞膜とリボソーム（選択肢⑤）がある。核膜（選択肢①）、ゴルジ体（選択肢②）、ミトコンドリア（選択肢③）、葉緑体（選択肢④）は真核細胞にのみ含まれる。

- □真核生物
- □原核生物
- □細胞小器官（オルガネラ）
- □リボソーム

問32 正解④ **細胞と遺伝（遺伝子の本体）**

アベリーの実験では、肺炎双球菌のS型菌（病原性あり）の細胞構造を破壊し、DNAとタンパク質に分け、それぞれをR型菌（病原性なし）と混合してマウスに注射した結果、「S型菌のDNA＋R型菌」を注射したマウスだけが肺炎を発症したことから、形質転換を起こす原因となるのはDNAであり、DNAが遺伝情報を担っていることを示した。設問では、病原性を獲得するのはタンパク質分解酵素で処理をしたときであり、DNA分解酵素で処理をしたものは病原性を示さない。このように遺伝的性質が変化する現象を形質転換という（選択肢④）。

- □アベリーの実験
- □肺炎双球菌（R型菌とS型菌）
- □形質転換

問33 正解⑤ **細胞と遺伝（染色体）**

染色体にはDNAと塩基性タンパク質であるヒストンが含まれ（選択肢①・②）、DNAがヒストンに巻き付いた構造をヌクレオソームという（選択肢③）。ヌクレオソームが規則正しく折り畳まれてクロマチンを構成し（選択肢④）、これがさらに折りたたまれて染色体となる。染色体の末端部にある構造はテロメア、染色体の長腕と短腕が交差する部位をセントロメアという（選択肢⑤）。

- □クロマチン
- □ヌクレオソーム
- □テロメア
- □セントロメア
- □ヒストン

問34 正解① **細胞と遺伝（遺伝の法則）**

ABO式血液型は赤血球表面に存在する糖鎖の構造により決まる。血液型の遺伝はA、B、Oの3つの対立遺伝子が関わり、AとBはOに対して優性、AとBには優劣差がない。これらはメンデルの法則に従って遺伝する。A型の人の遺伝子はAAまたはAO、B型の遺伝子はBBまたはBOであり、A型とB型の両親から生まれる子どもの遺伝子型は、AO、BO、AB、OOの4種類の可能性があるので、血液型としてはA型、B型、AB型、O型のすべての可能性がある（選択肢①）。

- □遺伝子型
- □表現型
- □対立遺伝子

キーワード

問35 正解③ **核酸（二重らせん構造と相補性）**

DNAの二重らせん構造では、向かい合う塩基のAとT、GとCがそれぞれ相補的な関係にあり、水素結合をしている。それぞれの水素結合の数は、AとTでは2本（A = T；選択肢b）、GとCでは3本（G ≡ C；選択肢c）である。

- □塩基対
- □水素結合
- □A＝T（A＝U）
- □G≡C

問36 正解② **核酸（二重らせん構造と相補性）**

RNAやDNAなどの核酸に含まれる塩基は260 nm付近（選択肢②）に吸収極大をもつため、核酸もこの付近に極大吸収波長をもつ。タンパク質は芳香族アミノ酸の側鎖に由来する280 nm付近（選択肢③）に吸収極大をもつ。

- □紫外部（260nm）吸収

問37 正解② **核酸（物理的性質）**

二本鎖DNAの水素結合が切れて一本鎖になることをDNAの変性という。水素結合を切る方法には、加熱（選択肢e）、高いpH（アルカリ）処理（選択肢a）、水素結合を切る化合物（ホルムアミド、尿素）処理がある。強酸（選択肢b）やクロロホルム（選択肢c）では変性は起こらない。DNase（選択肢d）はDNA分解酵素である。

- □変性

問38 正解① **核酸（物理的性質）**

DNAから転写されたmRNA前駆体は、スプライシングによりイントロン（選択肢①）が切り出され、残ったエキソン（選択肢②）がつながってmRNAとなる。キャップ構造（選択肢③）はmRNAの5′末端にある構造、ポリ（A）鎖（選択肢④）は3′末端にあるアデニル酸が数十～200個ほど結合した構造である。リボザイム（選択肢⑤）は酵素活性をもつRNAである。

- □イントロン
- □エキソン
- □スプライシング

問39 正解③ **遺伝子（DNAの複製と修飾）**

細胞内のDNA複製では、二本鎖DNAはDNAヘリカーゼ（選択肢③）により一本鎖になる。DNAトポイソメラーゼ（選択肢①）は二本鎖DNAの一方または両方を切断して再結合する酵素であり、プライマーゼ（選択肢②）はDNA複製で短いRNA断片を合成する酵素である。DNAポリメラーゼ（選択肢④）はDNA合成酵素、DNAリガーゼ（選択肢⑤）はDNA鎖の末端同士をホスホジエステル結合でつなぐ酵素である。

- □DNAヘリカーゼ
- □DNAリガーゼ
- □DNAトポイソメラーゼ

問40 正解⑤ **遺伝子（DNAの変異）**

突然変異の誘発因子には、種々の物理的因子と化学的因子がある。物理的因子には、紫外線、X線などの電離放射線（選択肢④）などがある。化学的因子には、塩基類似体、アルキル化剤（選択肢③）、アクリジン色素類（選択肢①）、亜硝酸（選択肢②）などがある。二酸化炭素（選択肢⑤）は突然変異を誘発しない。

- □電離放射線
- □亜硝酸
- □アルキル化剤
- □アクリジン色素
- □紫外線

問41 正解④ **遺伝情報の流れ**

ペプチジル転移反応は、リボソーム上でのポリペプチド鎖の伸長反応である。リボソームはrRNAとタンパク質から構成され、ペプチジル転移反応の活性中心はrRNA（選択肢④）にある。BAP（選択肢①）は細菌性アルカリホスファターゼ、DNAリガーゼ（選択肢②）はDNAを連結する酵素、RNaseH（選択肢③）はDNA/RNAハイブリッド鎖のRNAを加水分解する酵素、*Sma*I（選択肢⑤）は制限酵素の一つである。

キーワード
- □ペプチジル転移反応
- □rRNA
- □DNAリガーゼ

問42 正解③ **遺伝情報の流れ（コドン）**

タンパク質のアミノ酸配列はmRNAの3つの連続した塩基により指定され、これをコドンという。4種類の塩基がコドンを作るため、コドンは$4^3 = 64$組あるが、そのうちどのアミノ酸にも対応しない終止コドンが3つ含まれるので、$64 - 3 = 61$となる（選択肢③）。

- □コドン

問43 正解⑤ **遺伝情報の流れ（タンパク質合成）**

tRNA（転移RNA；選択肢⑤）の3′末端にアミノ酸がエステル結合したものをアミノアシルtRNAといい、ペプチジル転移反応における伸長中のポリペプチド鎖の受容体として働く。hnRNA（選択肢①）はmRNA前駆体、snRNA（選択肢④）はスプライシング反応に関わる核内小RNAであり、ともにアミノアシル化されない。

- □アミノアシルtRNA
- □tRNA

問44 正解④ **人為的組換え（制限酵素）**

制限酵素は、DNAの配列の末端ではなく内部のホスホジエステル結合を切断する酵素（エンドヌクレアーゼ）で（選択肢a・b）、特異的な塩基配列、特にパリンドローム構造を認識するものがある（選択肢c）。反応にはMg^{2+}が必要である（選択肢e）。制限酵素の生物学的役割は、外来DNAに対する細菌の生体防御機構であるといわれている（選択肢d）。

- □制限酵素
- □エンドヌクレアーゼ
- □エキソヌクレアーゼ
- □パリンドローム

問45 正解④ **染色体外DNA（プラスミド）**

プラスミドは、一般的に環状の二本鎖DNAで、染色体DNAとは独立して複製され（選択肢②）、細胞分裂により娘細胞に引き継がれる（選択肢⑤）。この性質を利用してベクターとして遺伝子組換え実験に利用される（選択肢①）。大腸菌のR因子のように、薬剤耐性遺伝子をもつものがある（選択肢③）。自己スプライシング機能をもつのはリボザイムである（選択肢④）。

- □プラスミド
- □薬剤耐性遺伝子
- □ベクター

問46 正解③ **人為的組換え（制限酵素）**

*Eco*RIは、大腸菌由来の6塩基認識の制限酵素（選択肢a・b）であり、二本鎖DNAを切断して（選択肢c）、付着末端を生じる（選択肢d）。反応にATPのエネルギーは必要ない（選択肢e）。

- □制限酵素
- □*Eco*RⅠ
- □6塩基認識
- □付着末端
- □平滑末端

キーワード

問47 正解① 遺伝子とDNA

サイレンサー（選択肢②）は発現を抑制し、エンハンサー（選択肢①）は発現を促進させる働きをもつDNA領域である。プライマー（選択肢④）はDNA複製時に合成開始点となる短いRNA鎖である。一つの複製起点で複製されるDNA領域をレプリコンという（選択肢⑤）。

- □ エンハンサー
- □ サイレンサー
- □ プライマー

問48 正解③ 原核細胞の転写（ラクトースオペロン）

ラクトースオペロンでは、培地中にグルコースが存在すると、リプレッサーはオペレーターに結合し、RNAポリメラーゼ（選択肢a）が*lac*遺伝子群を転写するのを妨げる。グルコースが存在せずラクトース（選択肢e）が存在するとき、ラクトースの異性体がリプレッサーに結合してDNAへの結合を阻害するため、RNAポリメラーゼはプロモーター（選択肢d）に結合して転写を開始する。シャペロニン（選択肢b）は分子シャペロンの一種で、タンパク質の正確な折りたたみを助ける。プライマー（選択肢c）はDNA合成の開始点となる短いRNA鎖のことである。

- □ ラクトースオペロン
- □ リプレッサー
- □ オペレーター
- □ RNAポリメラーゼ

問49 正解③ 真核細胞の転写

真核細胞のRNAポリメラーゼは3種類あり、RNAポリメラーゼⅠはrRNA前駆体を合成し、RNAポリメラーゼⅡはmRNA前駆体（hnRNA；選択肢b）と一部のsnRNA（選択肢c）を合成する。RNAポリメラーゼⅢは、tRNAや5S rRNAなどを合成する。プライマーRNA（選択肢e）を合成するのはプライマーゼである。

- □ RNAポリメラーゼⅡ
- □ hnRNA
- □ snRNA

問50 正解① 原核細胞の転写（ラクトースオペロン）

ラクトースオペロンでは、リプレッサーはオペレーターに結合し（選択肢a）、RNAポリメラーゼのプロモーターへの結合を阻害することによって（選択肢e）、転写を抑制する（選択肢c）。ラクトースの誘導体によってリプレッサーは構造変化し（選択肢b）、転写抑制効果を失う。リプレッサーはDNA結合能をもつが、酵素のような触媒能はない（選択肢d）。

- □ ラクトースオペロン
- □ リプレッサー
- □ オペレーター

問51 正解② mRNAのプロセシング

真核細胞ではhnRNA（heterogeneous nuclear RNA；選択肢②）がスプライシング、キャップ構造の付加、ポリ（A）鎖付加などの転写後修飾を受けて成熟mRNAとなる。dsRNA（選択肢①）は二本鎖RNA、rRNA（選択肢③）はリボソームRNA、snRNA（選択肢④）はスプライシング反応に関わる核内小RNA、tRNA（選択肢⑤）はアミノ酸を運搬するRNAである。

- □ mRNA
- □ hnRNA
- □ rRNA
- □ snRNA
- □ tRNA

キーワード

問52 正解⑤ **遺伝情報の流れ（セントラルドグマ）**

遺伝情報の流れの基本法則をセントラルドグマという。遺伝情報は、DNA上の遺伝情報がRNAに転写され（選択肢②）、その情報をもとに、タンパク質に翻訳される（選択肢③）。また、DNA自身は複製され（選択肢①）、同じ情報をコピーする。レトロウイルスはRNAをゲノムとしてもち、それがDNAに逆転写され（選択肢④）、宿主ゲノムに組み込まれる。タンパク質からRNAへと遺伝情報が流れるという報告はみられない（選択肢⑤）。

- □セントラルドグマ
- □翻訳
- □転写
- □複製
- □逆転写

問53 正解④ **遺伝情報の流れ（コドン）**

アミノ酸を指定するコドンは3つの塩基からなる。1種類のアミノ酸に対して複数のコドンが存在するが、UAA（選択肢b）、UAG（選択肢c）、UGA（選択肢d）の3つのコドンはアミノ酸を指定しておらず、終止コドンとなっている。また、AUG（選択肢a）はタンパク質の合成開始を指示する開始コドン、または2番目以降のコドンでメチオニンをコードする。UUU（選択肢e）はフェニルアラニンをコードするコドンである。

- □開始コドン（AUG）
- □終止コドン（UAA、UAG、UGA）

問54 正解② **遺伝情報の流れ（逆転写酵素）**

逆転写酵素はRNAを鋳型にDNAを合成する酵素である。RT-PCR（選択肢②）では、RNAを鋳型とし、逆転写酵素を用いてcDNAを合成して、DNAポリメラーゼで検出可能な濃度まで増幅する。PCR（選択肢④）は、DNAポリメラーゼを用いて目的DNAを増幅する。アルカリ-SDS法（選択肢①）はDNAの抽出方法の一つで、ライゲーション（選択肢⑤）はリガーゼを用いてDNA鎖またはRNA鎖を結合させる反応である。

- □逆転写酵素

問55 正解 ① **翻訳後修飾**

タンパク質の翻訳後修飾には、糖鎖付加（選択肢③）、タンパク質の部分切断（選択肢④）、メチル化（選択肢⑤）、リン酸化、ジスルフィド結合形成（選択肢②）などがある。ジスルフィド結合は、ペプチド鎖中の二つのシステインの-SHが結合してできるS-S結合である。エステル結合はアルコールと有機酸または無機酸から脱水縮合により生じる結合で、エステル結合切断はタンパク質の翻訳後修飾には関係しない（選択肢①）。

- □翻訳後修飾
- □糖鎖の付加
- □タンパク質の部分切断
- □メチル化
- □リン酸化
- □ジスルフィド結合

問56 正解① **免疫（異物認識）**

主要組織適合抗原はMHC抗原ともよばれ（選択肢②）、細胞表面に存在する糖タンパク質である（選択肢③）。赤血球以外の細胞表面に発現して様々なタンパク質断片をT細胞に提示する働きをもち（選択肢①・④）、感染病原体の排除や臓器移植の際の拒絶反応などに関与する（選択肢⑤）。

- □主要組織適合抗原
- □T細胞

キーワード

問57　正解④　**免疫担当細胞**

T細胞はリンパ球の一種で（選択肢①）、骨髄で産生され（選択肢②）、胸腺で分化・成熟する（選択肢③）。B細胞を活性化して抗体産生細胞に誘導する働きをもつ（選択肢⑤）。細胞性免疫に関与するが、抗体産生細胞はB細胞から分化完了した形質細胞である（選択肢④）。

□T細胞
□B細胞

問58　正解②　**抗原抗体反応**

ABO式血液型（選択肢a）は、判定しようとしている血液に、抗A血清または抗B血清を混合した時に生じる抗原抗体反応により判定する。ラジオイムノアッセイ（RIA；選択肢e）は、抗体を放射性同位元素で標識し、免疫反応を利用して抗原を測定する方法である。エイムス試験（選択肢b）は変異原性試験、ペーパーディスク法（選択肢c）は抗生物質のMIC測定などで利用される。マクサム・ギルバート法（選択肢d）はDNAの塩基配列を決める方法である。

□抗原抗体反応

問59　正解⑤　**免疫応答（抗体）**

細菌やウイルスの感染初期に作られ、初期の感染防御として分泌されるのがIgM（選択肢⑤）であり、その後クラススイッチが起きて、IgG（選択肢④）、IgA（選択肢①）、IgE（選択肢③）などが作られる。

□抗体（IgA、IgD、IgE、IgG、IgM）

問60　正解②　**免疫応答（抗体の構造）**

IgGは血液中にもっとも多量に存在する免疫グロブリン（Ig）である。IgGはH鎖とL鎖それぞれ2本のポリペプチド鎖と糖鎖からなるY字型構造で（選択肢a・b）、H鎖とL鎖はジスルフィド結合および非共有結合で結合している。H鎖とL鎖ともにN末端に位置する2ヶ所のドメインに可変領域が存在し、抗原結合部位となる（選択肢c・e）。H鎖とL鎖の可変領域以外の部分を定常領域という（選択肢d）。

□抗体
□定常領域
□可変領域
□H鎖
□L鎖

解説

遺伝子工学

キーワード

問61 正解④ 二本鎖 DNA の構造と性質

環状二本鎖 DNA は、細胞内では超らせん構造の cccDNA（閉環状 DNA；選択肢②）となっているが、片方の DNA 鎖に切れ目（ニック）が入ると ocDNA（開環状 DNA；選択肢④）になる。cDNA（相補的 DNA；選択肢①）は mRNA を鋳型として逆転写酵素によって合成された一本鎖 DNA、linear DNA（選択肢③）は線状 DNA、ssDNA（選択肢⑤）は一本鎖 DNA のことである。

□ ocDNA
□ ニック

問62 正解② 一本鎖 DNA・RNA

一本鎖核酸のある領域において、その両端が回文構造でその中に回文構造でない塩基を含む部位をステムループ構造（選択肢②）といい、回文構造の部分は二本鎖となっている。キャップ構造（選択肢①）は真核細胞の成熟 mRNA の 5′ 末端にあり、タンパク質合成の開始などに関わる。パリンドローム構造（選択肢③）は回文ともいい、二本鎖 DNA において、相補鎖をそれぞれ同じ方向からみると同一の塩基配列をもつ部位である。β シート構造（選択肢④）はタンパク質の二次構造の一つで、2 本以上のポリペプチド鎖がほぼ伸びきった形で平行に並ぶことによりできるシート構造である。ランダム構造（選択肢⑤）はタンパク質の立体構造が破壊された変性状態である。

□ ステムループ

問63 正解① DNA の変異

遺伝子発現や遺伝子産物の機能に影響を与えない DNA 上の変異をサイレント変異（選択肢①）という。サプレッサー変異（選択肢②）は、変異によって変化した形質が、それとは異なる部位で元の形質を取り戻す変異のことである。ナンセンス変異（選択肢③）は、アミノ酸のコドンを終止コドンに変え、タンパク質合成を終止する。フレームシフト変異（選択肢④）は、塩基の（3 の倍数でない）欠失または挿入により、遺伝情報の読み枠がずれる。ミスセンス変異（選択肢⑤）は、あるアミノ酸に対するコドンが別のアミノ酸に対応するコドンに変わる。

□ サイレント変異

問64 正解④ 酵素

クレノウ酵素とは、大腸菌の DNA ポリメラーゼⅠをあるタンパク質分解酵素で部分分解して得られる大きな方の断片で、5′ → 3′ エキソヌクレアーゼ活性が失われているが、DNA ポリメラーゼと 3′ → 5′ エキソヌクレアーゼの活性をもつ（選択肢④）。RNA/DNA ハイブリッドの RNA 鎖を切断するのは RNaseH である（選択肢②）。細胞内には DNA を鋳型として RNA を合成する RNA ポリメラーゼ

□ クレノウ酵素

キーワード

が存在するが（選択肢③）、一部のRNAウイルスはRNA複製をつかさどる酵素の遺伝子をもつ（選択肢①）。一本鎖のDNAまたはRNAを分解するのはS1ヌクレアーゼである（選択肢⑤）。

問65 正解⑤ **酵素**

DNA鎖の3′-OH基と5′-リン酸基をホスホジエステル結合で結合する酵素はDNAリガーゼである（選択肢⑤）。アルカリホスファターゼ（選択肢①）は最適pHをアルカリ性にもち、リン酸モノエステル結合を加水分解して無機リン酸を生じる酵素である。エキソヌクレアーゼ（選択肢②）はポリヌクレオチド鎖のホスホジエステル結合を末端から順次分解してモノヌクレオチドを生じる酵素である。逆転写酵素（選択肢③）は、RNAを鋳型としてそれに相補的なDNAを合成する酵素である。*Taq* DNAポリメラーゼ（選択肢④）は、ある種の好熱菌が産生するDNAポリメラーゼである。

□ DNAリガーゼ

問66 正解⑤ **ゲノムDNA抽出**

DNA分解酵素の活性には2価の陽イオンが必要であるが、DNA抽出の際にはそれをEDTAによりキレートしてDNAが分解するのを抑制する（選択肢⑤）。EDTAには塩濃度を一定にする作用はない（選択肢②）。また、タンパク質分解酵素やRNA分解酵素の活性を促進する作用もない（選択肢③・④）。抽出液のpH変化を低減させるのは、弱酸とその塩、または弱塩基とその塩の混合溶液である緩衝液によるものである（選択肢①）。

□ EDTA

問67 正解② **宿主・ベクター**

pUC系ベクターは環状二本鎖DNAのプラスミドベクターで（選択肢①）、一般には宿主染色体に挿入されず、独立に複製する（選択肢②）。*lacZ*遺伝子領域にマルチクローニングサイトがあり（選択肢③・④）、IPTGとX-galを含むプレートで外来DNAの挿入の有無をコロニーの色で判別できる（選択肢⑤）。

□ pUC18/19

問68 正解③ **転写**

レポーター遺伝子は、遺伝子の発現量を定量するために利用する遺伝子である。緑色蛍光タンパク質（GFP；選択肢③）、*β*-グルクロニダーゼ（GUS）、*lacZ*、ルシフェラーゼ、クロラムフェニコールアセチルトランスフェラーゼなどの遺伝子がよく利用される。AMP（選択肢①）はアデノシン一リン酸、BAP（選択肢②）は細菌性アルカリホスファターゼ、HVJ（選択肢④）はセンダイウイルス、MCS（選択肢⑤）はマルチクローニングサイトのことである。

□ レポーター遺伝子
□ GFP（緑色蛍光タンパク質）

キーワード

問69 正解⑤ **宿主・ベクター**

YACベクター（選択肢⑤）は酵母人工染色体で、200 kbp ～ 1 Mbp程度のDNA断片をクローン化できる。BACベクター（選択肢④）はバクテリア人工染色体で、100 ～ 300 kbpのDNA断片をクローン化できる。M13ファージベクター（選択肢①）は4 kbp程度、コスミドベクター（選択肢②）は45 kbp程度、pUC系ベクター（選択肢③）では15 kbp程度までのDNA断片をクローン化できる。

- □ YAC
- □ BAC
- □ pUC18/19
- □ コスミドベクター
- □ M13ファージ

問70 正解③ **宿主・ベクター**

アルカリホスファターゼ（選択肢③）は、最適pHをアルカリ性にもち、リン酸モノエステル結合を加水分解して無機リン酸を生じる酵素で、線状二本鎖DNAの末端を脱リン酸化する。IPTG（選択肢①）は、大腸菌ラクトースオペロンの転写を誘導する物質で、カラーセレクションに用いる。RNAポリメラーゼ（選択肢②）はRNAを合成する酵素の総称、エンドヌクレアーゼ（選択肢④）はポリヌクレオチド鎖の内部（「エンド」は「内部」を表す）の3′, 5′-ホスホジエステル結合を切断してオリゴヌクレオチドを生じる酵素、ペルオキシダーゼ（選択肢⑤）は過酸化水素を用いて他の分子を酸化して水分子を生じる酵素である。

- □ アルカリホスファターゼ
- □ 脱リン酸化

問71 正解① **遺伝子クローニング**

ニックトランスレーションは、DNAを試験管内で放射性同位元素やビオチン、ジゴキシゲニンなどで標識する方法である（選択肢①）。DNAの塩基配列を決定するのはサンガー（ジデオキシ）法（選択肢②）、cDNAを合成するのは逆転写酵素（選択肢③）、DNA断片を大きさにより分離するのは電気泳動法である（選択肢④）。DNAに変異を導入するには様々な手法があるが、ニックトランスレーションの目的ではない（選択肢⑤）。

- □ ニックトランスレーション
- □ ラベル（標識）

問72 正解③ **遺伝子の検出**

DNA断片を電気泳動で分離後、ゲルからメンブレンに転写し、目的配列をもつ断片に相補的な標識プローブをハイブリダイズすることで目的配列を検出するのは、サザンハイブリダイゼーション（選択肢③）である。RNAを電気泳動し、同様の処理をするのがノーザンハイブリダイゼーション（選択肢④）である。細菌のコロニーやファージによるプラークを転写してそこに含まれる目的配列を検出する方法は、それぞれコロニーハイブリダイゼーション（選択肢②）およびプラークハイブリダイゼーション（選択肢⑤）である。*in situ*ハイブリダイゼーション（選択肢①）は、細胞や組織中のDNAまたはRNAを標的として検出する方法である。

- □ サザンハイブリダイゼーション

キーワード

問73 正解① **遺伝子クローニング**

核酸の放射性標識に用いるのは、選択肢のうちでは ^{3}H（選択肢 a）と ^{32}P（選択肢 b）であり、まれに ^{35}S（選択肢 c）が用いられることもある。また、選択肢にはないが、^{14}C が用いられることもある。^{60}Co（選択肢 d）は放射線治療の γ 線源など、^{235}U（選択肢 e）は原子力発電などに利用されている。

□ 放射性（RI）標識
□ ^{3}H
□ ^{32}P

問74 正解② **核酸の抽出**

プロテイナーゼ K（選択肢②）はセリンプロテアーゼの一種で、疎水性脂肪族及び芳香族アミノ酸のカルボキシ基を含むペプチド結合をおもに分解する。多くの DNA 分解酵素を不活性化する作用があるので、DNA の抽出実験において使用される。K は、ケラチンまでも分解するという意味で付けられた。アミラーゼ（選択肢①）はデンプンを加水分解する酵素、ラクターゼ（選択肢③）は β-ガラクトシダーゼの別名で、ラクトースをグルコースとガラクトースに加水分解する酵素、リゾチーム（選択肢④）はペプチドグリカンを分解する酵素、リパーゼ（選択肢⑤）はグリセロールエステルを加水分解し、脂肪酸を遊離する酵素である。

□ プロテイナーゼ K

問75 正解② **核酸の抽出**

DNA の吸収極大波長は約 260 nm（A_{260}）、タンパク質の吸収極大波長は約 280 nm（A_{280}）である。抽出した DNA の純度は、A_{260}/A_{280} を求めることで判定できる。純度の高い DNA 試料の A_{260}/A_{280} の値は 1.8 程度である。

□ A_{260}/A_{280}

問76 正解③ **核酸の抽出**

RNase（リボヌクレアーゼ）は、RNA に作用して加水分解するヌクレアーゼの総称である（選択肢 a・e）。DEPC は RNase の活性中心にあるヒスチジン残基を修飾することで、不可逆的にその活性を阻害する（選択肢 d）。タンパク質の立体構造形成を介添えするのは、分子シャペロンである（選択肢 b）。σ 因子はプロモーターを認識し、RNA 合成を開始させるのに必要な因子である（選択肢 c）。

□ RNase
□ DEPC 処理水

問77 正解① **遺伝子の検出**

Taq DNA ポリメラーゼはある種の好熱菌に由来する DNA ポリメラーゼで、90℃以上でも容易に変性、および失活しないため、PCR に用いられる（選択肢 b）。また、DNA の塩基配列を解析する際の DNA の合成反応にも用いられる（選択肢 a）。制限酵素処理には制限酵素が（選択肢 c）、ニックトランスレーションには大腸菌 DNA ポリメラーゼ I が（選択肢 d）、ライゲーションには DNA リガーゼが用いられる（選択肢 e）。

□ *Taq* DNA ポリメラーゼ

キーワード

問78 正解③ **遺伝子の検出**

サンガー（ジデオキシ）法では、DNAポリメラーゼによるDNA合成反応時に本来の基質であるdNTPに加え、一定の比率で蛍光標識したddNTPを共存させて合成反応を行うと（選択肢①・②・④）、ある割合でddNTPを取込み、そこで鎖の伸長反応が停止する。その産物を電気泳動により分離し、その鎖長と蛍光色を解析することにより塩基配列を調べる（選択肢⑤）。塩基特異的に分解して塩基配列を解析するのは、マクサム・ギルバート法である（選択肢③）。

□ DNAシークエンシング
□ サンガー（ジデオキシ）法

問79 正解⑤ **酵素**

ある種のRNAウイルスでは、ウイルスゲノムRNAを鋳型としてまずDNAの合成が行われ、ついで通常の遺伝情報の流れ、すなわちDNAからRNAへの転写、RNAからタンパク質への翻訳が行われる。このようにRNAのヌクレオチド配列を相補的なDNAとして写しとる反応を逆転写という（選択肢⑤）。またRNAを鋳型として相補的DNAを合成する酵素を逆転写酵素とよぶ。この酵素を用いて、mRNAからcDNAの合成が試験管内で行われている。

□ 逆転写酵素
□ cDNA

問80 正解⑤ **タンパク質の検出**

ウェスタンブロット法は、電気泳動によって分離されたタンパク質をニトロセルロース膜やPVDF（ポリビニリデンジフルオライド）膜に電気的に転写し、そのタンパク質を抗体によって検出する方法である（選択肢⑤）。サザンブロット法、ノーザンブロット法にならってこの名が通称されている。

□ ウェスタンブロット法

問81 正解② **RNA抽出**

細胞内のRNAのうち、全体の80～85%はrRNA、15～20%はtRNA等の低分子量RNA、1～5%がmRNAである。抽出した全RNAからmRNA（選択肢②）を分離するために、ポリ（A）鎖をもつ真核細胞mRNAと特異的に結合するオリゴ（dT）カラムを用いる。

□ オリゴ（dT）カラム

問82 正解① **遺伝子導入**

分化した体細胞に少数の特定遺伝子を導入し、培養することによって、様々な組織や臓器の細胞に分化する能力、およびほぼ無限に増殖する能力をもつようになった多能性幹細胞をiPS細胞という（選択肢①）。ES細胞（選択肢②）は受精卵の胚盤胞から樹立された多能性幹細胞である。NK細胞（選択肢③）は自然免疫に関わるナチュラルキラー細胞、ハイブリドーマ（選択肢④）は種類の異なる二つの細胞を人工的に融合させてできる雑種腫瘍細胞、マクロファージ（選択肢⑤）は自然および獲得免疫応答にかかわる狭義の貪食細胞である。

□ iPS細胞

キ ー ワ ー ド

問83 正解② 抗体の利用

ELISA法は酵素免疫定量法ともよばれ、西洋わさびペルオキシダーゼなどの酵素で標識した抗原や抗体を用い、対応する抗体や抗原を測定する方法である（選択肢a）。核酸のハイブリダイゼーションではなく、抗原抗体反応を利用する（選択肢b・e）。HAT培地はハイブリドーマなどの選択に用いる（選択肢c）。高電圧パルスをかけて核酸を細胞内に取り込ませるのはエレクトロポレーションである（選択肢d）。

- □ ELISA

問84 正解① 発生工学

二つ以上の異なった遺伝子型の細胞、または異なった種の細胞から作られたマウスはキメラマウス（選択肢①）である。トランスジェニックマウス（選択肢③）は外来遺伝子を発生初期に導入して得られるマウスで、例えば成長ホルモンの遺伝子を導入して通常より2倍ほど大きくなるスーパーマウス（選択肢②）が作製された。逆に、ある遺伝子機能の発現を欠損させたマウスはノックアウトマウス（選択肢⑤）である。ヌードマウス（選択肢④）は先天性胸腺欠損マウスで、胸腺欠損と体毛欠損が形質として発現される。

- □ キメラマウス
- □ トランスジェニックマウス
- □ スーパーマウス
- □ ヌードマウス
- □ ノックアウトマウス

問85 正解④ モノクローナル抗体

モノクローナル抗体の作製に用いるミエローマ細胞は、HGPRTという酵素を欠くためサルベージ経路（選択肢④）が働かず、プリンの再利用ができない。そのままではHAT培地で増殖できないが、抗体産生細胞と融合してハイブリドーマにすると増殖できるようになり、モノクローナル抗体作製に用いられる。オルニチン回路（選択肢①）は有毒なアンモニアを無毒の尿素に解毒する経路、クエン酸回路（選択肢③）は糖や脂肪酸などの炭素骨格を完全酸化する代謝回路、ペントースリン酸経路（選択肢⑤）はグルコース代謝経路の一つで、ミエローマ細胞はこれらを保持している。カルビン回路（選択肢②）は植物の光合成における炭酸固定反応である。

- □ モノクローナル抗体
- □ 骨髄腫（ミエローマ）細胞
- □ サルベージ経路
- □ HGPRT

問86 正解④ 遺伝子導入

ジーンターゲティング法は、ある遺伝子機能の発現を欠損したノックアウトマウスの作製に用いられる（選択肢⑤）。その方法として、分化全能性をもった胚性幹細胞中にターゲッティングベクターを導入し、相同遺伝子組換え体のみが増殖できるような選択マーカーにより選別する（選択肢①・②・③）。その組換え体をマウス胚に戻し、キメラマウスを作製後、交配や掛け合わせなどを行ってホモ接合型の遺伝子欠損マウスを得る。外来遺伝子を導入するのはトランスジェニック動物で、プロモーターによって組織特異的に発現させることもできる（選択肢④）。

- □ ジーンターゲティング
- □ 胚性幹細胞（ES細胞）
- □ 相同組換え
- □ ノックアウトマウス

キーワード

問87 正解④ **植物組織培養**

種の異なる植物を交配すると、受精は起きても、その後胚の生育が停止し、枯死することが多い。そこで、未熟な胚を取り出して培養する胚培養を行うことにより、種間雑種が得られる（選択肢④）。花粉培養（選択肢①）や葯培養（選択肢⑤）は、花粉に由来する半数体植物が得られ、コルヒチン処理により2倍体にして純系の植物体を得る方法である。カルス培養（選択肢②）は未分化で無定形の細胞塊（カルス）を培養するもので、植物ホルモンの添加により不定芽や不定根等を形成させることができる。茎頂培養（選択肢③）は植物の茎頂部分の分裂組織を培養することで、ウイルスフリーの植物体を得る方法である。

□胚培養

問88 正解⑤ **植物組織培養**

植物の細胞壁を取り除いたプロトプラストの懸濁液に高濃度のポリエチレングリコール（PEG；選択肢⑤）を加えるか、パルス電圧を加えると、プロトプラスト間で接着が起こり、融合する。センダイウイルス（選択肢③）は、動物細胞の融合に用いられる。タバコモザイクウイルス（選択肢④）はタバコやトマトに感染するウイルスで、細胞融合活性はない。セルラーゼ（選択肢②）はペクチナーゼと共に植物の細胞壁を分解し、プロトプラストの作製に用いられる酵素である。エチジウムブロミド（選択肢①）は核酸の二本鎖間にインターカレートされ、核酸の検出に多用されている。

□プロトプラスト
□PEG（ポリエチレングリコール）

問89 正解④ **植物ホルモン**

ジベレリンは植物ホルモンの一種で（選択肢①）、イネ馬鹿苗病菌よりイネの徒長成長を引き起こす毒素として見出された（選択肢②）。茎や葉の伸長（選択肢③）、休眠打破、単為結果（選択肢⑤）などを促進する。植物を水不足にすると数分のうちに合成されるのはアブシシン酸で（選択肢④）、気孔を閉じ、乾燥に耐えるようになる。

□植物成長調節物質（植物ホルモン）
□ジベレリン

問90 正解③ **植物細胞工学**

Tiプラスミドは土壌細菌であるアグロバクテリウムがもつ環状二本鎖DNAで（選択肢①）、その一部であるT-DNAを植物細胞の染色体に導入することによりクラウンゴール（選択肢②）とよばれる植物腫瘍を誘発する。T-DNA上には、植物ホルモンであるオーキシンとサイトカイニンの合成に関与する遺伝子が存在する（選択肢⑤）。植物染色体DNA中に組み込まれるのはT-DNAであり、導入に必要な遺伝子群をもつ*vir*領域は組み込まれない（選択肢③）。T-DNAの染色体DNAへの組み込みは、その両末端の25 bpの境界配列があればよいので，その性質を利用した遺伝子導入ベクターが利用されている（選択肢④）。

□Tiプラスミド
□T-DNA
□クラウンゴール
□*vir*領域

この問題集の内容についてのお問い合わせは、
NPO 法人日本バイオ技術教育学会
中級バイオ技術者認定試験問題研究会までお願い致します。
E-mail：info@bio-edu.or.jp

2024 年 12 月 試験対応版
中級バイオ技術者認定試験対策問題集

2024 年 4 月 30 日　初版第 1 刷発行

編　　者　NPO 法人日本バイオ技術教育学会
　　　　　中級バイオ技術者認定試験問題研究会

発 行 者　佐藤　秀

発 行 所　株式会社つちや書店
〒 113-0023 東京都文京区向丘 1-8-13
TEL 03-3816-2071　FAX 03-3816-2072
E-mail info@tsuchiyashoten.co.jp

印刷・製本　シナノ書籍印刷株式会社

ISBN978-4-8069-1840-0